花也

已冬藏
花花园

11-12 M
己亥年
总第六十辑

花也编辑部 编

中国林业出版社
China Forestry Publishing House

花园已冬藏

总策划：《花也IFIORI》编辑部

顾问	吴方林 兔毛爹
编委	蔡丸子 马智育 米米mimi– 童

主编	玛格丽特–颜
执行主编	广广
副主编	小金子
撰稿	阿罗 夕阳 玛格丽特–颜 锈孩子
	晚季老师 Chris 子言 西风漫卷
	花田小憩 Ellen 阿桑 蔡丸子
	海螺姐姐 肖习 莒萝 赵芳儿
	余传文
编辑	石艳 崇崇 雪洁 亭子
美术编辑	张婷
校对	田小七

商务合作 15961109011

花也合作及支持 中国林业出版社
　　　　　　　　江苏源氏文化创意有限公司
　　　　　　　　江苏尚花坊园艺有限公司
　　　　　　　　陌上花论坛
　　　　　　　　《花卉》杂志
　　　　　　　　溢柯庭家

看往辑内容及最新手机版本
扫二维码
关注公众号"花也IFIORI"

更多信息关注
新浪官方微博：@花也IFIORI

花也俱乐部 QQ 群号：373467258
投稿信箱：783657476@qq.com

责任编辑｜印芳 邹爱

中国林业出版社·风景园林分社

出版｜中国林业出版社
(100009 北京西城区刘海胡同 7 号)
电话｜010-83143571
印刷｜北京雅昌艺术印刷有限公司
版次｜2020 年 1 月第 1 版
印次｜2020 年 1 月第 1 次印刷
开本｜787mm×1092mm 1/16
印张｜8
字数｜180 千字
定价｜58.00 元

图书在版编目（CIP）数据

花也：花园已冬藏 / 花也编辑部编 . —— 北京：
中国林业出版社，2019.12
ISBN 978-7-5219-0442-0

Ⅰ.①花… Ⅱ.①花… Ⅲ.①花园—园林设计 Ⅳ.
①TU986.2

中国版本图书馆 CIP 数据核字 (2019) 第 282766 号

Contents

「莲园之上」
的四季乐章

文/图·阿罗

坐标：北京

花园类型：屋顶花园

花园面积：约 255 平方米

一场初雪后，"莲园之上"
彻底进入休眠，就到了总结
一年光阴的时候。从春天种
下种子及小苗时的希望，到
夏季风雨中的茁壮生长，再
到秋光中辉煌的呈现，最后
冬雪后平静安宁的蛰伏，"莲
园之上"让我感受了四季的
不同魅力及生命的盛衰变化。

　　如果没有莲园之上，我不会这么真切地感受到时光的流逝，一天、一月、一季都在变化着，有时会有遗憾，再怎么美好的存在都会消逝，但时光的可贵正是在于它的不可留，只要用心感受过、顿悟过，便不会辜负这拥有过的一切美好……

Chapter one

春之希望

拥有一座观赏草花园的梦想来自于侯晔的飞猫乡舍。2019年的春天，在侯晔、海螺姐姐和朋友们的帮助下，我实现了这一梦想。

因为有了这座花园，我更关注太阳是否暴晒，风是否过大；我更愿意去倾听风铃的声音，因为我在屋顶忙碌时，它是我耳边长久的声响。

我给植物浇清凉的水，感受它们欢欣的回应。

我喜欢泥土从指间溢出，心里微微的满足；闭上眼我更能嗅到芬芳，它来自花朵与绿叶，来自风中裹挟着远方的味道……

黄昏来临，落日的金色光芒笼罩着这里，为莲园之上镀上一层金边。

满天的杨絮飞舞，平时惹人厌的它们此时自带着光芒，增添着浪漫气息。

高山剪秋萝高挑的小白花晚风中轻轻敲击旁边的土陶罐，说不出的轻盈美好；青石板记录着日落的寸移，夜幕降临，烛光亮起，与天上的星星交相辉映。

莲园之上是梦想的拥有，而莲园之上的天空则是意外的收获，我这时才发现，我拥有的不仅仅是一座观赏草花园，而是一个以天空作背景，涵盖了星光月光日出日落的天堂。

Chapter two
夏之盛况

进入夏天，充沛的雨水及炎热的天气让植物们蓬勃生长，几乎每天都在发生变化。

这些花花草草们终于迎来它们最爱的天气，一棵棵兴高采烈地欢迎我。花池里前天种下的非洲狼尾草状态极好，在晨光中熠熠发光，飘逸灵动，给前院增强了围合感，护卫着金光菊和微月等矮小的植物们，呼应着对面墙根下的山桃草与泽兰。

波斯菊次第开放，鲜艳夺目，点亮了每一个雾气弥漫的清晨。

阳光穿透过廊架——拂过青石板，直到照射到尽头的碗莲，我注视着阳光的移动，看着它逐渐照亮沿途的花花草草、瓶瓶罐罐，伏低身体摁下快门，留下此时的画面，这些图片将伴随我不在这里的日子，点亮我随后人生的灰暗时刻。

到了夏末，就有了秋的影子，芒草、狼尾草开始抽穗。一丛丛毛茸茸的草穗泛着清新的稚嫩，分外可爱！

美女樱从春一直开到了夏，我以为进入秋天，也就到了它盛开的极限，但最后，却给了我极大的震撼！

夏就在蝉鸣中流逝，莲园之上进入了秋，作为一个观赏草花园，秋才是它真正的高光时刻。

Chapter three

秋之辉煌

初秋的天空愈加高远，光线透彻，温度适应，花花草草们尽情舒展开来，柳叶白菀爆发式地开放。

波斯菊彻底占据了莲园之上的斜坡顶，让这方小天地缤纷多彩。

而美女樱进入秋天后，惊人地扩张，显示出了极强的适应力，繁茂的花簇一层层地开放，掩盖了旁边的所有植物。

在某一个初秋的清晨，拍到了如梦似幻的秋日早霞……

秋意渐浓，清晨的光线被一丛丛的草穗紧握住，焕发出梦幻般的光芒，莲园之上因为这些草穗，拥有了异乎寻常的魅力。

透彻的光线，飘逸的草穗，我流连于莲园之上，看不够，拍不够……

深秋的莲园之上，几乎只剩下或深或浅的黄色系，在金色的晨光或落日照耀下散发出温暖又耀目的光芒。此时的莲园之上，褪尽杂色，就这样纯粹地展示自己，步入其中，感受扑面而来的浓浓秋意。

金黄到了极致，便泛出了厚重的红……

11月底一场初雪，莲园之上彻底进入了冬……

Chapter four
冬之蛰伏

纷纷扬扬的初雪下了一夜，我欣赏着初雪后的清晨，厚可及脚背的初雪覆盖了大部分的植物，我能想象它们在积雪下面，一定是宁静与安然的，经过春夏秋，到了冬，就该休息了……

莲园之上迎来的第一场雪，似乎比别处更厚一些，地面被遮盖得严严实实，草穗依然倔强地挺立着，显得些许的凌乱。

秋风中的草穗沾满了雪粒，窸窸窣窣随风飘落，掉落手心里，看着它缓缓地化成水滴，这一刻时光深处，

岁月静好……

踩着及脚背的积雪，咯吱咯吱地走过堆肥箱上喝酒的哥俩，走过桌上沉睡的小鸟……挺立的红瑞木和须芒草顶着白雪醒目耀眼，骄傲地展示着冬天难得的色彩。太阳升起，给予芒草晶莹夺目的光彩。

这场冬雪宣告莲园之上正式进入了冬天，植物开始沉睡，只能静待明年春风再起，又一轮四季启动，又一次盛衰的循环……花

"植物一年一轮回，陪伴它们度过每一个风雨晴朗的日子，用心去感受或宏大或微小的美好，见证它们在自己的天地里从稚嫩到辉煌再衰败，真切地触摸到了时光的流逝，听到了它们弹奏的乐章……"

——阿罗

择林而居，
与自然
和平相处

文·图·夕阳

我的花园可能跟大多数人的花园有些不同，它坐落在异国他乡的土地上，生长着适宜当地气候的本地植物。花园的面积在人口稀少的国家就是一个不太敏感的数字，人在开垦和享用花园的过程中要考虑附近栖息的动物，大方些，因为人和花园一样是大自然的一部分，分享同一个家园。

坐标：乌特勒支，荷兰

花园类型：林地花园

花园面积：4000 平方米

面对着窗外一片绿色，笔下却不知道该如何开始。说起对于植物的喜爱，似乎缘于上辈人传给我的基因，命里注定不可缺少这样的颜色。从小就与各种植物打交道的我，在阴差阳错的来到荷兰后就像老鼠掉进了米缸，开始了和绿色的深入接触。

与树比邻

住在这里原因很简单，我迷树，迷恋大树。所以因工作原因必须搬家的时候，我特地择"林"而居，选择了荷兰中部地区的这片"绿肺"作为我窗外的风景。在这片林区里散落着几个村落，我们所住的村就是其中一个。虽然是先有森林后有的村子，但是当地政府为了保护林区生态不被破坏，对树木制定了详细的保护法规。即便林区里有了村落，但是树的数量依然很多，并且有些区域会一直作为林区不可再被开发使用。

说到我家的房子，前房主是一对90多岁的老人，已经完全没有能力打理庭院了。在刚接手的时候，除了两片草坪干净整齐外，其他区域都是杂草丛生。而且，鱼与熊掌难以兼得，在我的"大树"情结得以满足之后，也必须接受院子的两个缺点。一个是树木长得过于繁密，导致整体环境缺少阳光；另外一个就是很多地块上的大树盘根错节，想刨坑种花得看哪里挖得动才能下手。

维持原貌

  自从搬到这里，我就盘算着要对花园做些改变。从整体构思上讲，我希望保持森林的原貌，本着"不为难自己，不折腾花草，顺应环境，因地制宜"的原则来开始我的花园改造。尽力做到森林与花园和谐统一，水乳交融。

  首先，我将园中原先留下的半死不活的喜阳植物送去朋友家接受更好的滋养，再把喜阴植物请进来填补原来的杂草区。所以我的花园里没有花团锦簇，只有郁郁葱葱，这也只是为了最大程度地保持林地的原生态。

  其次，我又增加了部分观叶植物，旨在让整个区域看上去更有层次感。同时，我也有意减少兔子和鹿喜欢吃的植物，以免它们频繁光顾我的花园（在这儿，人是惹不起动物的，森林是动物们的家园）。

我与麦芽的花园早餐时光

功能区划

　　院落占地约 4000 平方米，分为前园（试验种植区）、侧园（水景休闲区）和后园（派对区）三个部分。前园除了林木就是大片的高山杜鹃，目前仍在慢慢修整中，我从事植物出口行业，前园作为我的植物新品试种区也便利了我的事业。我特意找人砍掉那些道格拉斯冷杉的底部树枝，既流通了空气，又增加了光照。

侧花园是水景区，此处原有一小片草坪，由于林中缺水色，被我改造成一个池塘。池中不仅寄生着水生植物和我的鱼，这里也是小鸟、松鼠、灰鹭和狐狸喝水、洗澡、偷食儿的地方。对于来我家的不速之客，我的态度是和谐相处，资源共享，因为我们都是大自然的一部分。我得空儿就坐在水池边的长椅上发呆、数鱼、喝茶，这就是我想要的静好岁月。而靠近房子的圆桌，则是我和家人晒太阳，吃饭的地方。偶尔森林里也有着难得的阳光灿烂。

后花园是个祸福相依的后园，有一年的14级大风刮断了四棵大树，令人心疼，但是我也因祸得福有了块空白区域，才修建了现在这处木棚。从此风雨无阻的 BBQ（烧烤）不再是梦，也为更高水准的铁锅炖鱼奠定了基础。小阳光房是为蔬菜种植做的准备，毕竟有肉有菜，荤素搭配才是营养均衡的标准。

森林花园

　　森林里的花园之路是没有必要做硬装的，我只是将树枝粉碎后铺在路上，以保持林地的原生状态。园中的植物以松柏杉这类高大的乔木为主，整个村里的树林都是在第一次世界大战前后种植的，所以有很多近百年的大树，还有很多高山杜鹃，有些高大的品种已经有五六米高了，它们最喜欢和松柏杉一起生长。黄杨、冬青、茵芋、马醉木、花叶青木、十大功劳、金缕梅、玉兰、木绣球、烟树等成为次高的灌木，这里还是蕨类和玉簪的天堂，老鹳草、绣球、欧石楠、牛舌草、板凳果、筋骨草、蔓长春、淫羊藿、矾根等也表现良好。而我最爱的地被植物是本地特有的一种苔藓——星星苔，最适宜在松林里生长。

　　花园做了整体自动浇灌系统，虽用得不多，但是出远门时就不再有后顾之忧。两个大雨水罐收集的雨水也是为了浇花，堆肥坑和堆肥桶也得到了充分利用，从来不打药的院子里到处都是鸟，而我，没事的时候捉捉蜗牛鼻涕虫还真是解压得很呢。

　　花园有了开始，就不会结束，让合适的植物生长在适合的环境里，人与自然和平共存，真好。🕊

从「小黑屋」窥见的花园行星

小黑屋就是一个独立的小宇宙，花园里的每一个生命亦是宇宙中温柔释放的绚烂星辰。瑰丽的极光与太阳风是漫山遍野的绿色，生命在一呼一吸之间。这是一颗需要带着探索精神着落的惊奇星球，张大脑洞捕捉前卫的设计符号。

类别：展示花园

面积：100 平方米

造价：29.8 万元

主案设计师：王国库

施工单位：51 造花园

小黑屋是由三个空间体系组成的展示花园，第一块为创意景观花园空间，第二块是一个半封闭景观户外会客厅空间，第三块则是花园挑高阳台空间。这个花园给人的第一印象是它的硬质结构的色调，鲜少地采用了慑人心魄地黑色，因此而得名"小黑屋"。

它的设计者把小黑屋想象成是一个小宇宙，里面汇集了不同的地貌，有硬物质（岩石），有液态物质（萤石营造的水流），也有生命迹象（植被）。黑色的选择恰恰映衬出其他景观的耀眼，它就像一块巨幕，花园里的植物即是宇宙间温柔的释放。

小黑屋是一个非常实用的花园样板间，钢质结构结实耐用，深碳重竹地板是近些年来市场上的新材料，环保、易打理。设计师借助木条板对花园的半封闭空间部分进行区隔，规划出吧台、烧烤及休息区域，既兼顾到生活的私密性，又不妨碍景观的欣赏，一举两得。配合植物的布置，利落的简约现代感中不乏超然于山外的禅意营造。二楼阳台区域的规划设定定格

观景、休闲的目的。构建了可电动控制的遮光帘、茶几、座椅等家具，阳台的玻璃围挡令落座赏景者与外部的景色无隔阂和界限。阳台上的种植箱可根据具体需求定制不同的数量。

　　在暗色的花园硬装中莹石异形踏步仿佛是两道瑰丽的极光，它蜿蜒呈溪流状，又免去真实的水系在此处庭院空间带来的不便，比如维护和安全问题。莹石取代溪水的创意迷幻又务实，再配合景观灯光的效果，是布景里闪耀的亮点。设计

师表示这是一套灵活多变的花园样板间，花园里的植物就像家庭装修的材质一样可以随喜好配置。而且设计师推荐未来选择小黑屋样板花园的业主大胆地尝试新奇植物的组合，奇特的植物组合将会更贴合这套炫酷的样板方案。

　　小黑屋花园样板间在落地操作上只用了七天便完成施工，花园里除廊架的主体结构是现场提前搭建完成外，其他部分均为工厂化加工，在现场拼装完成，圆业主想以最快时间打造庭院休闲区的梦想。

设计资材汇总

1. 地面深碳重竹地板
2. 万能支撑器
3. 莹石
4. 钢结构
5. 清水混凝土地面
6. 景观灯具
7. 景观植物（莲座蕨）
8. 景观装置（老树桩）
9. 景观软装（火盆、烧烤炉、布艺抱枕等）

设计师的话：小黑屋花园样板间的设计和施工过程是一项快装花园挑战，快装项目的落地是检验团队及施工组织标准极好的方式。未来花园行业对定制化产品需求将会越来越多，这是市场趋势所向。"小黑屋"的落地让非常规化快装变成现实，预示着快装花园的挑战成功，一场花园革命即将到来。

设计师简介

王国库，大苒园林景观设计工程（南京）有限公司总经理、拾趣儿创意景观产品工作室创始人、D·R LANDSCAPE 生态艺术发起人、7 天造园品牌签约设计师，致力于创造当代艺术花园空间，和不同维度的空间碰撞创意的落地。

乡村，乌桕树的悲伤

文/图·玛格丽特—颜

不知从何时开始，
乌桕竟然变成了稀有物种……

记得春天回老家时，特地去找苦楝树拍紫色的小花。原来乡村里常见的树种竟然遍寻不着。终于看到一棵，极为欣喜。村里人看着不解："这有什么好看的呢？"说起来，以前的确有很多苦楝树，但是不值钱，都砍了。那人指着一棵榆树，说过十年就可以卖1000元，为什么还要种苦楝树？

同样命运多舛的还有乡村的乌桕树。

特地搜集了一些乌桕树的资料。

在20世纪，乌桕树作为经济树种，为我国的四大木本油料之一，乌桕籽含油量极高，可做日用化工原料，也可做食品工业专用油脂，在各地大面积种植。后来随着石油工业的发展，乌桕籽变得越来越不值钱，因此遭遇大肆砍伐的乌桕树变得越来越少，如今的乌桕竟然已变成稀有物种。

浙江兰溪曾是国内知名的"乌桕之乡"，早在唐代建县之初，地处浙中金衢盆地腹地的兰溪就开始乌桕的

种植。中华人民共和国成立后，乌桕树籽被广泛应用于香皂、蜡纸、蜡烛、油漆、油墨等相关行业，乌桕产业也在兰溪蓬勃发展，种植乌桕一度成为当地农民的重要经济来源，他们甚至把乌桕籽叫作"金籽"。辉煌时期兰溪的乌桕籽产量居全国第五位。那时候，一到秋天漫山遍野都是红彤彤的乌桕树叶，一度乌桕树还和樟树并列为兰溪的姐妹市树。后来，和其他地方的乌桕落得一样的命运——在"乌桕之乡"

已经基本看不到乌桕树了，几近绝迹，乌桕树的"市树"资格也被取消。

你还曾见过乌桕吗？我见过，好美！

春天它新叶嫩红，逐渐变绿，叶片菱形，非常秀丽。

到了夏季，则整个树冠碧绿苍翠，挂着绿色毛茸茸且长的花絮。

到了秋天，它的叶子先紫后红、如火如荼般鲜艳夺目，绝对不输红枫。

冬天，叶子掉光以后，原本黑色的果子成熟后炸开，露出三粒白色闪

亮的种子，像一粒粒的珍珠。冬日里白色的乌桕籽挂满枝头，经久不凋，美极了！

古人有云："偶看柏树梢头白，疑是江海小着花。"

乌桕树的树形也极其优美，令其从仪态到气质都锦上添花。

乌桕（Sapium sebiferum）喜光，不耐阴。喜温暖环境，不甚耐寒。适生于深厚肥沃、含水丰富的土壤。乌桕树不能缺水。它是大戟科乌桕属落叶乔木，据网上资料介绍，乌桕应用于园林中，集观形、观色叶、观果于一体，具有极高的观赏价值。种子黑色含油，圆球形，外被白色蜡质假种皮，可制油漆，假种皮为制蜡烛和肥皂的原料，经济价值极高。乌桕是一种色叶树种，春秋季叶色红艳夺目，不下丹枫。为中国特有的经济树种，已有1400多年栽培历史。

乌桕自古以来就是中国特有的树种。

在众多喜欢乌桕树的古人当中，陆游恐怕要数最喜爱的，在他的很多诗里都提到过乌桕。

在《醉归》里描写的初夏杨梅成熟季节，在乌桕树的树阴下把酒尽欢："乌桕阴中把酒杯，山园处处熟杨梅。"

《东村》中陆游很有雅兴"塘路东头乌桕林，偶携藤杖得幽寻。"穿过乌桕林，"桃源阡陌自来往，辋口云山无古今。"

《闲思》中陆游心情很好："最奇乌桕下，侧帽听秋莺。"

《埭北》中又提到乌桕"乌桕禁愁得，来朝数叶红。"

乌桕最美的季节在深秋，树叶红了，堪比丹枫。陆游自然也不会错过，他在《幽兴》中写道："雁後寒鸦至，枫先桕叶赬。"

在《即事》里又写道："寒鸦先雁到，乌桕后枫丹。"其实意思都差不多，寒鸦和大雁先后到了，乌桕和丹枫也红了。

后来年纪大了，在《即事示儿辈》里陆游再次提到乌桕："今岁霜迟殊未寒，篱东乌桕叶才丹。"

乌桕的美，不止是它的叶，还有它冬天白色的籽，树梢上满满地挂着，像炸了一树的爆米花似的。在世博公园里就有小片乌桕树林，冬天的时候，白亮亮珍珠一般的籽洒满枝头。

我也理解努力讨生活的人们，看到乌桕籽所说的：看树上满天星，摘下来不上斤，衣服爬破却为何，出售桕籽换补丁。

是乌桕的悲哀，也是芸芸众生的悲哀吧。🌸

花园来客

文\图·锈孩子

1	2
3	4

1. 美眼蛱蝶
2. 黄钩蛱蝶 + 美眼蛱蝶
3. 斐豹蛱蝶
4. 红灰蝶

美眼蛱蝶、黄钩蛱蝶、斐豹蛱蝶、红灰蝶

　　深秋的菊花脑，灿烂出一片小黄花。数种黄色基调的蝴蝶起落翩飞其间，花与蝶，共同演绎灵动的金秋。其中美眼蛱蝶最吸睛，每只橙黄翅膀上各有一对大小不等的玲珑眼斑，中心还有点睛般的白色高光，这丽质，真真令人叹服自然界生命的奇幻。"美眼"美得名副其实，美得反客为主，让整片当季花海反成了它的陪衬。这只美眼蛱蝶在形态上是典型的秋季型（也称为"旱季型""低温型"），翅膀边缘的尖锐角突，使它有别于夏季型（也称为"湿季型""高温型"）。

秋季型呼应于季节，还有一个特点是：当双翅合拢竖起，背面完全不见了正面的美色，成了一片秋天的"枯叶"。

　　同样颜值不低的黄钩蛱蝶与美眼蛱蝶同框，就显得有些吃亏了。黄钩蛱蝶和美眼蛱蝶一样，也分夏季型和秋季型两种形态，以适应环境的改变。同为全国广泛分布的黄钩蛱蝶和美眼蛱蝶从数量和出现时间上，前者却是完全碾压后者。最早在春节天暖时，就可以看见以成虫越冬的黄钩蛱蝶在绿化带和公园里出现，懒懒地晒太阳。

　　同一片菊花脑上的斐豹蛱蝶和黄

钩蛱蝶也有太多类似之处。同样身披时尚惹眼的豹纹款图案，幼虫都像狼牙棒，长着许多吓死胆小者的恐怖毛刺，这些所谓的刺，都是虚张声势糊弄事儿的，既不会蜇谁也无毒。而且可别文艺地以为这两种在城市里极常见的蝶种都只恋花，它们和苍蝇一样，对动物们的粪便也是痴迷有加。

　　红灰蝶，与菊花脑上的蛱蝶们相比，明显个头小了许多，但气质和气势并不输。橘色占据前翅的很大面积和后翅的部分边缘，也是一位靓丽的"会飞的花"，应季应景。

红胁蓝尾鸲

　　冬日花园芳菲尽，鸟鸣犹在。这不，江南地区常见的冬候鸟红胁蓝尾鸲如期而至。和麻雀等大，却不像麻雀成群结队在枝头咋呼。红胁蓝尾鸲好独处，喜欢将自己隐匿在低矮茂密的灌丛。当交错的枝杈间传来扑棱跳跃的轻微动静，屏住呼吸，蹲下来，保持安静，终于这只俏丽的小精灵放胆飞出来亮相了，停栖在敞亮处的树枝上，尾部不停地上下摆动。虽然仅可见这只雄性红胁蓝尾鸲腹部两侧的橘黄色，头顶、后背、尾部的漂亮蓝色没能展示出来，但它的灵气不减。平素所见的红胁蓝尾鸲似乎以没有靓丽蓝色的雌性为多，这是因为其中有一部分就是雄性，只是在亚成阶段长相"娘娘腔"，"雄"大十八变，成年后相应部位的羽色才会转为蓝色。

北红尾鸲

　　同住一个小区的花友突然兴奋地找我，说庭院里来了一只漂亮的鸟。通过望远镜隔窗偷窥到这尾飞羽，我笑着告诉他："这是极常见的冬候鸟北红尾鸲，你家的草木偷着乐呢，这鸟能帮你消灭不少伤害花草的虫子。"这尾站在院中土块上凝神眺望的雄性北红尾鸲头顶一片灰白，黑色双翅上有一对醒目的白斑，腹部的橙色怕是这片正处于枯败期的庭院最鲜艳的色彩了。它和红胁蓝尾鸲有着许多相似的习性和肢体语言：机敏、好独处、喜出没于灌丛、低飞、停栖时尾部不停上下摆动。雌性的北红尾鸲符合动物世界的两性颜值规律，远不及雄鸟色艳，翅上也有一对白斑，周身以褐色为主基调，体色对比不明显。⑩

冬日话球根

文·晚季老师 图·玛格丽特—颜

春季开花的球根植物有一个有趣的共同点，种球在萧瑟的秋冬季入土，在地下沉睡上整个冬天，时候一到，靓丽登场，拉开春季花园的大幕。所以说，来年春天的第一波花开就靠眼下播下的这批球根了。

又到了每年种植球根的季节，秋植球根的种类很多，常见的有酢浆草、风信子、小苍兰、番红花、葡萄风信子、洋水仙、郁金香等。

酢浆草、小苍兰和葡萄风信子一般发芽较早，酢浆草一发芽即可下种，哪怕是天气还比较炎热的8、9月份。小苍兰和葡萄风信子不建议下种过早。气温高，叶片生长速度快，待到春季开花时，小苍兰就会倒伏或者叶片长得东倒西歪，葡萄风信子也会叶片过长，显得披头散发，不精神。葡萄风信子常被人称作"葡疯"，就是来源于此。

为了克服小苍兰容易倒伏的毛病，有人尝试用边生长边加土的方式来固定小苍兰的叶片。先将盆土填充至盆高度的一半，再根据叶片生长情况逐渐往盆里加土，以固定住叶片。还有人在种植小苍兰之前，用矮壮素浸泡种球10小时左右，也会促使植株矮壮。这两种方法对于控制小苍兰整体株型

都是有效果的。

葡萄风信子爱生小球，复花性又好。但老球种植，叶片很容易生长过长，有人实在忍受不了葡萄风信子的一头"乱发"，干脆在春季开花前用剪刀剪个短发。给葡萄风信子"理发"虽然不影响它开花，但缺少叶片衬托，着实显得有些怪异。有人在葡萄风信子开花之后，将它长长的叶片编成小辫，这也算是对又爱又恨的"葡疯子"的无奈之举。

其实还有一种给小苍兰和葡萄风信子控型的懒人做法——推迟种球下种时间。小苍兰发芽早，但在干燥的空气中，芽头生长也是很慢的，待到11、12月气温已经很低的时候，播下球根，叶片就不会因气温高生长快而出现倒伏现象了。葡萄风信子同理。

小苍兰、葡萄风信子延迟到冷天种植是为了控制株型。郁金香、大花葱、洋水仙也必须等到天冷了种植，是为了防止烂球。

郁金香、洋水仙等一类球根的开花特点是单朵花大。球根种植浅了，花期茎干容易倒伏，必须要深埋。球根种植的一个普遍规律是，球根越大，埋得越深，一般球根的种植深度为球体的一倍或一倍半左右，地栽比盆栽埋得要更深一点。这类球根的另外一个共同特点就是种球生根速度比较慢。

这两个特点决定了种球下地时的气温不能高，气温高了，容易烂球。为了防止种球下种后腐烂，有人把种球放入多菌灵等杀菌剂中浸泡半小时，然后取出晾干，再下种；有人仔细地给郁金香种球剥皮，去除霉点；还有人在种植土壤中加入颗粒，利于排水。即使每项都做到了，只要你是在霉菌适宜生长的温度下种植，种球依然会被霉菌侵略，所以像这一类春季开花的球根，一般建议要等到最高气温低于15℃后，再下种。

一般球根的体内储存着生长开花所需要的养分，从下种到开花期间都不需再施肥补充。待到花期结束后，能复花的种球才需要定期补充磷钾肥，积蓄下一年开花的能量。

种球的选择也是困扰新手花友的一个难题。有的人干脆每个品种买两三个分散种植或种植在同一个盆里。同样是郁金香，不同品种的开花高度，开花时间都有所不同，混植在同一个盆里，开花很难整齐一致，盆栽球根一旦出现外高内低的开花效果，就只能剪下做插花了。

一般建议新手花友选择春季开花球根时，减少种类，增加每个品种的数量，让花朵在同一时期集中开放。在春天，密集开放的球根植物也最容易成为整个花园或露台的焦点植物。🌸

玩转园艺不可缺的9件工具

文 · Chris　图 · Berry&Birds、玛格丽特－颜

种花种菜任何时候都需要，摆平大大小小的花园杂物，就靠它们了。

园艺手套 干活儿就要有干活儿的样子，装备也马虎不得，尤其是作为一名女性园丁，我们更要保护好自己的双手，美美地收获园艺带来的喜悦。这时候一副精干的园艺手套就显得很有必要了，它需要同时具备耐磨损、式样好看的特质，在干活的时候贴合手指，轻松协助处理好各项事务。

金属耙 准备一柄耙子专门用来给地里施肥，平时摊铺土壤也靠它。和它相似的另一种耙子是专门用来耙落叶的，把落叶杂草归集至一处，这样的耙子头部呈扁平状，与前面所说的款式有所不同。

小铲子 园艺用的小铲子当然不是小孩子挖挖土过家家的小玩具呢，园丁手中的小铲子是注定要承担"重活"的。铲子界的"扛把子"Berry&Birds可以关注并且尝试一下，能解决花园劳作中遇到的棘手问题。不推荐使用的是那些廉价的染色金属铲子，或者铲柄与铲子前端衔接部分金属过于脆弱单薄的款式，这两种铲子容易折断，使用寿命不长。

不锈钢大铲 有了灵巧的小铲子就得有大铲子，不然怎么在花园里挥锹耕耘呢？现在市面上有一种铲片是玻璃纤维材质的铲子，使用起来相对轻巧些，但是不乏也有喜爱传统铁质铲片铲子的花友，稳妥地给使用者安全感。推荐大家使用不锈钢材质的挖掘铲，结实耐用，低维护，铲片不容易弯曲变形。

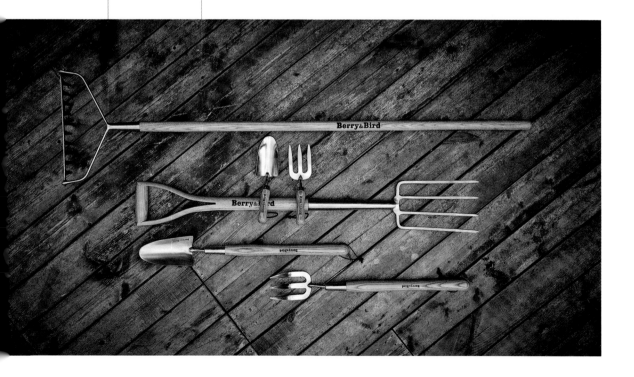

独轮手推车 每个有院子的花园主人都应该拥有一辆独轮手推车，特别是在花园面积具备一定规模的情况下，这辆"车"的金属部件和把手应结实不易脱落，助你完成所有运输与装盛工作，飞快地穿梭于花圃与花圃之间。

挖洞器 这是一件相当精致讲究的英式园艺工具，用起来会让人爱不释手。平日里拿它种胡萝卜、生菜等小种子作物非常方便，处理幼苗移植和种球的种植穴也是相当规整，深得处女座欢心。

品牌 /Sloggers

花园木底鞋 虽然算不上标准的园艺工具，但是这件花园行头帮了不少忙。它早已不是最初的木底，而是演变为现在的橡胶底或乳胶软木混合鞋底，有人亲切地称它为"大头鞋"。园丁有一双穿脱方便的工作鞋有多么重要，日本园艺女神上野女士脚上就蹬着一双勃肯鞋（Birkenstock），打湿粘泥都不怕，用水一冲，光洁如新，穿着在花园里会客，越看越好看。

修枝剪 园丁的围裙里总是随身揣着一把，甚至两把切割类的工具，其中之一就有修枝剪，以备巡园时随手修修剪剪。我们都曾用过便宜货，一个季节坚持不下来便"退伍"了，还需要再购置新的。不如索性咬咬牙买一把贵些的，用得称心顺手的。坚持时间持久不说，即使坏了也好单独购置刀片更换。

园艺围裙 有时候一条围裙也能体现一个人生活的态度和方式，特别是对于我们园艺爱好者而言，对围裙颜值的追求不亚于日常出门的穿着。这是一条防水透气、厚实耐磨的围裙。多功能设计，大容量工具口袋格，分隔有序，实用性强，除了这些必备的工作职能，也加入了其他元素，如品质的金属配件、皮质三角形等，每一处都很讲究。🌸

Berry&Bird
一把好工具，园艺体验更愉悦

Berry&Bird 品牌源自英国，凭借特有的传统和历史，延续 18 世纪英国的传统设计风格，利用现代制造技术和设备研发生产种类齐全的园艺工具。Berry&Bird 坚持以工匠精神铸造产品质量，重视工艺及技术创新，为确保产品质量，从原料采购到配件组合，都进行了严格的质量监控。每一件产品都选用优质不锈钢，以及材性稳定的水曲柳，匠心铸造精工品质。

一直以来，Berry&Bird 致力于为全球用户提供技术领先、品质卓越的园艺工具产品。至今已研发出七大类、七十多个品种规格的产品，充分满足不同消费群体的各种需求，包括中耕系列、挖掘系列、手工具系列、修剪系列、园艺配套系列等专业的园艺工具。此外，Berry&Bird 还开发了女士系列，以更轻便的使用重量，让更多女士可以更轻松地享受园艺乐趣。同时，Berry&Bird 还开发了儿童系列的专利产品，兼顾实用性及安全性，覆盖了用户对园艺工具的全面需求。产品广泛应用于园艺工作、家庭花园、亲子休闲等各个领域，尤其女士系列和儿童系列深受国内外用户的青睐。

Berry&Bird 不断提升工艺，用心做精致产品，为热爱生活、热爱园艺的用户提供便捷、舒适、环保的园艺工具，带来美好的园艺体验，激发更多的园艺乐趣，并致力成为全球用户信赖的园艺工具品牌。⑰

1/2月花事提醒

文·晚季老师　图·玛格丽特-颜

新年伊始，进入气温最冷阶段，花园里的工作不能完全
懈怠。紧盯天气变化，采取应急措施，确保安全越冬。

1. 给室外植物保暖

　　1月份在一年当中气温最低，及时做好保暖抗寒工作。
华北地区给大树进行包裹绑扎，对宿根进行覆盖，浇封冻水，
减少大风和严寒给植物带来的危害。华东地区注意对常绿树
的保护，预防落雪压断枝条。

2. 不耐寒植物入温室过冬

　　北方室内有暖气但空气干燥。不耐寒植物入室后，多向
地面或盆壁喷水，以增加空气湿度。华东地区注意预防寒流，
寒流到来时，及时把植物搬入室内避寒，酢浆草、小苍兰、
矮牵牛、金鱼草、六倍利等有一定的抗寒能力，但温度过低
容易冻伤叶片，影响观赏性。待寒流结束，气温回升后，还
需继续搬到室外，接受光照。

3. 冻伤植物的急救

　　一些植物不耐霜冻。一旦发现植物受冻后，立刻搬到不
加温的冷室内进行养护，让植物慢慢恢复。一下子搬入气温
高的地方，植物反倒容易受损。

4. 植物休眠后的养护

　　冬季大多数植物休眠，减少休眠期盆栽植物的浇水量，
保持盆土适当干燥，有利于植物过冬。冬季长时间阴雨天气
容易导致宿根植物烂根死亡，有条件的应尽量避雨。

5. 冬季杀菌杀虫工作

冬季的低温可促使植物休眠，也可冻死一部分病菌。在冬季最适宜对植物和花园场地进行杀菌杀虫处理。冬季常用的杀菌杀虫药是石硫合剂。价格低廉，既可杀虫又可杀菌，残留的物质还可以转化成肥料被植物吸收，都是石硫合剂的优点。但石硫合剂的使用是有条件限制的，如尽量选择晴朗的天气，气温不要过高，只能喷洒在落叶休眠的植物上，桃科植物避免喷洒。冬季清园可用药剂很多，使用其他杀菌药剂一样可以达到清园目的。

6. 施冬肥

施冬肥尽量提早，植物一休眠即可施用。腐熟的禽粪和颗粒缓释肥是常用的冬肥。冬肥可以适当重施。在寒冷地区，还可在地栽植物周围埋入生鱼肠，以供应植物养分。盆栽植物不建议使用未腐熟肥料做冬肥。

7. 植物的冬季修剪

冬季适宜对植物进行修剪。落叶后有利于观察树木的枝干，去除内膛枝、交叉枝、平行枝等。1、2月份对月季进行重剪可促使月季春季萌发健壮枝条，孕育更多花朵。需要在冬季进行修剪的还有铁线莲。不同品类的铁线莲修剪方法不同，常绿铁不剪，二类铁饱满芽点以下枝条保留，其余剪去，三类铁保留有三到七节枝条，其余修剪。一些在早春开花的树木如桃李杏、玉兰、海棠等不要在冬季修剪。

8. 绣球冬季特别提醒

绣球能耐 −10℃ 左右的低温。过低的温度会冻伤芽头影响春季开花。霜冻期间枝条上残留的叶片可以保护枝条不受冻害，不要手动摘除叶片。立春之后可清理花盆或根系周围的残留落叶，预防枯叶残留病菌对绣球生长的影响。🌸

20 年专业欧洲花艺杂志

欧洲发行量最大，引领欧洲花艺潮流

顶尖级花艺大咖齐聚

研究欧美的插花设计趋势

呈现不容错过的精彩花艺教学内容

3本/套 | 2019 原版英文价格 620元/套.
中文版价格 348元/套

风铃轻摇，赴一场辣椒盛宴

文/图·玛格丽特-颜

生活不能总被平淡主宰，偶尔需要一注热烈的色彩点缀，和一点辛辣的刺激。栽种辣椒吧，赏花赏果，平添采摘乐趣，随手掐两个成熟的果实还能炒出一盘下饭的菜。

左：绿色的冻白了，红色的更艳了，一树更加缤纷夺目。
右：风铃辣椒变红色后有点像开在枝头的玫瑰花。

　　去年河马花园里种了两棵风铃辣椒，9 月开始结起青绿色的果子，渐渐地变红，一串串高挂，像风铃，也像一朵朵绽放的红色玫瑰，美得窒息。辣椒的种子是从上海农科所特地买来的，第一次在珠海农科院看到的时候，就被它迷住了，特地托了朋友从上海农科所买回种子，果然不负所望，整个秋天，院子里就数它身姿曼妙。风铃辣椒可赏也能吃，口感脆脆甜甜的，微辣。因为太好看，舍不得吃，所以观赏价值大于食用价值。

　　风铃辣椒属于观赏辣椒的一种，原产于美洲热带地区，属灌木，在暖和的地区可以多年生，但常作一年生植物栽培，其品种有很多：线形、羊角形、樱桃形、风铃形、蛇形、枣形、指天形、灯笼形，果色有黄色、红色、绿色、紫色等多种。秋冬季节，风铃辣椒鲜艳的色彩实在很美。有些盆栽的品种果量大，也常被用来做赏果的盆栽植物。它兼具食用价值与装饰性，被誉为"可食用的花卉"。

樱桃辣椒　观赏辣椒

花叶观赏椒　花叶观赏椒

辣椒
拉丁文名： *Capsicum annuum* L.

茄科辣椒属一年或有限多年生的草本植物。

播种： 4月份，气温达到15℃以上就可以播种了。使用普通的园土即可，播种后一般5~8天左右出土，15天左右出现第一片真叶。种子发芽的适宜温度为25~30℃，发芽需要5~7天，低于15℃或高于35℃时种子不发芽，且幼苗不耐低温。

定植： 小苗长到3~4片真叶，就可以定植。

生长： 辣椒对水要求严格，既不耐旱也不耐涝，喜欢比较干爽的生长环境。

修枝： 风铃辣椒、黄灯笼等株型高大的品种，最好搭架子辅助其生长。可以在长到一定高度后，把主枝分叉下面的侧枝打掉，不开花的细弱枝条也要修剪掉，以保留养分多结果子。

养护： 和种植普通的蔬果辣椒一样，遵从大水、大肥、大太阳的原则。充足的光照、通风条件，以及适当施肥都是非常必要的。辣椒的生长季在夏天，若盆栽，更需注意浇透水。

珠海农科所的瓜果园内，风铃辣椒挂满架子。

风铃辣椒
学名： *Capsicum annuum var. conoides*
别名： 灯笼椒、六角辣椒、玫瑰辣椒

　　属一年生茄科草本植物，原产加拿大，又名乳椒、加拿大椒。风铃辣椒的花和普通辣椒一样，呈白色。果实形状非常奇特，四周有不规则的凹凸，有点像灯笼，所以被叫做灯笼辣椒。

　　风铃辣椒刚结的幼果为绿色，成熟后会变红，最后沉淀为很艳丽的深红色。从深秋到初冬，挂在枝头上的风铃辣椒很美，也很可爱。一般结果量为几十到上百个，与普通辣椒相比，属于迟熟品种，9月结果，10~12月都能欣赏到它鲜红色艳丽的果实。

黄灯笼辣椒
学名： *Capsicum chinense*
别名： 黄帝椒、黄辣椒、中国辣椒

　　是茄科辣椒属植物，原产于古巴、巴西等地；在海南岛普遍栽培，果实呈金黄色，美丽可人，很像迷你的小南瓜。

　　黄灯笼辣椒富含辣椒素类物质，辣度高，可达15万辣度单位，在世界辣椒行列中辣度仅次于墨西哥魔鬼辣椒。它的果实味辛辣并伴有奇香。黄灯笼辣椒相对于其他品种辣椒营养更为丰富，特别是钙、铁、胡萝卜素、纤维素、蛋白质的含量远远高于其他辣椒。在海南主要被做成黄灯笼辣椒酱佐味。🌶

鲜花
实现近在眼前的
精致生活

文／图·子言

我的家居日常中总离不开鲜花的装点，它们出现在我独自用餐的餐桌上，宴请朋友的聚会上，目光所及之处，这些花以各自特有的姿态衬托着气氛，得以让我像英剧里的女主角那样生活得精致细腻。

英国人是十分注重体面的，小时候我的性格极度内向，我就像《简·爱》里的简一样随时随地都在小房间里翻阅书籍，极度的害羞让我一度不懂得与长辈交流，但是从《傲慢与偏见》《小妇人》《飘》等书里我交到了许多朋友。简·奥斯汀的《爱玛》里面描绘了一场野餐，写在庄园里采草莓，樱桃树下摆长桌，画面感极强。凯伦·布里克森在她的《走出非洲》里描绘了许多自己在非洲生活的细节，女性总是对生活细节过分关注，也是女性可爱的地方。她曾用很大的篇幅描写自己从丹麦带了许多花种到非洲庄园，她种出了一朵芍药，并用剪刀剪下来插瓶，后来芍药再也不开花了。她的

植物家朋友跟她说，可以取第一朵花的种子播种，才可以让芍药在非洲大地上繁殖。我总是极易关注这些细节，很难说，是这些细节影响了我，还是我天生热爱植物相关。

我对体面这件事的认知除了文学作品，我觉得跟我的父母也是有很大关系的。不论在什么样的境遇里，我的妈妈都会在重要的时间点给我做新裙子。我小时候有很多布袋裙，有圈圈图案的，有格子背带裙，上面还有好看的胸花。小学毕业的时候，妈妈还给我买了一件白色重工蕾丝多层珠花蛋糕裙。哪怕现在回忆起来，它们都毫不过时。

野花与瓶插

　　我从小生活在一个有海有山的地方，所以骨子里热爱大自然，热爱一切有生命力的事物，总是更偏爱那些叫不出名字的花。去野外或者山上的时候，遇到一些好看的果子、野花或者叶子会剪下来带回家插瓶。

　　最近看了《奇遇人生》迅哥儿日本这期，民宿的老奶奶小道桑带着阿雅和迅在院子里剪野花来插花，那野生的瓶插，与房子的每一处都相得益彰。我当时就想，这不就是我平时的日常吗？

　　一直觉得鲜花、书籍、画最能体现一个家的气质。当我拥有一方自己的空间，让房间的每一个角落摆放着恣意生长的花卉和绿色植物，对于我来说就是一件特别自然且重要的事情。我的静物摄影师朋友说每一种物品都需要衬托，方可凸显它的特质。比如杯子需要杯托，盘子需要餐垫，水果需要果盘。果不其然，我认为花器也特别重要，它决定了风格。我喜欢透明的玻璃器皿，以我的理解，玻璃越薄，对技术要求越高。器形、流畅度、光泽感都是判断一个器物级别的要素。彩色的花器可以点亮空间，配花不宜繁复，色彩宜清淡，建议与花器同色或者对比色。当然，花器的选择与摆放位置的家具质感、色彩也需要协调，这些都是可以通过多尝试来调整的。

情系郁金香

我最爱郁金香，源于小时候对文森特·梵高盲目的热爱，当然，我也爱向日葵。去年春天，我在新家种下了十个郁金香球根，从发芽到含苞欲放，再到绿色的花蕾初绽，居然十分地顺利。我用剪刀将它们剪下插瓶，每天感受着它们的变化，我用相机记录着它们从嫩绿色到鹅黄色的惊艳蜕变。我的记录同时也得到了朋友们的惊叹，种花的快乐难以言表。

我的会客厅常常会迎来四面八方的朋友，每一次我都会选定一个主题，根据四季变化，我的桌花也会有不一样的创作。春天的芍药、飞燕草，夏天的桔梗、松虫草，秋天的红叶、郁金香、非洲菊，冬天的松果、冬青……

我每次总跟朋友说我的插花作品是野兽派，毫无章法，随心所欲。去年春天，我有幸来到杭州植物图书馆，在农场看到了各种各样我没有见过的花，在和农场主 HE 相识过程中了解到了自然系插花。即便如此，我依然根据自己的感觉来随意搭配，也或许自然系的真谛就在于来自自然，归还于自然。虽然我也曾试图向我的花艺师朋友讨教插花的技法，但是最后都会被那些繁复的步骤搞得十分头疼，而后还是走我野兽派的野路子。

插花是让我觉得特别开心的一件事，《奇遇人生》里饭饭说小凡最舍得用花，我终于深有感触。要舍得，还得懂得每朵花的姿态，植物总是能够回馈你更多生命力。🏵

作者 子言

坐标福州
美术教师、人像家居摄影师
微博：子言 jenny。

燃烧吧，花园烤炉

文·西风漫卷　图·西风漫卷和他的朋友们

花园烧烤是花园派对最受欢迎的内容之一，一座美观又实用的烤炉必然会成为一个花园的亮点，并且为花园生活增加无穷乐趣。到了冬天，围炉取暖、烧烤、欢聚，期待的温度、美食、佳酿和笑语，尽在一腔熊熊火苗中烘焙出炉。

六七年前曾经在朋友的鼓动下倾心打造过一个欧包石窑。在那之前，我对面包窑一无所知，研究网上的图片及视频资料后，一波三折地把窑建了起来。遗憾的是我的处女作从没正式烤出面包来，唯一深深烙在心里的是对建造欧包石窑的热情。

欧包窑烧烤台

所以我决心一定要再造一个石窑，心想即使烤不出欧包，用来烤羊腿也是蛮好的。决心有了，就先选址。位置选择的原则是既要靠近休闲活动区，便于娱乐互动，又要靠近院落的边角，减小烟尘影响。再者要醒目，能突出这个地标亮点。寻来寻去，最后看中花园北侧休闲区边上的一块菜地。

这个位置基本能满足上述要求，而且在窑前还可以辟出一小块阳光不错的休闲场地，以弥补北院冬季阴冷的不足。因有了之前那次建造及初步使用的经验，我心中的概念清晰明了，根据实际位置画出施工设计图，布局非常紧凑。我自己就是做工程设计工作的，所以弄什么东西都喜欢先画图，一方面画图过程中可以想清楚各种空间关系，另一方面根据图纸可以精确统计出所需要的材料，避免浪费。

这次的烤炉是一座欧包窑和一个烧烤台的结合体，因为砖石结构重量比较大，需要稳固的基础，所以整体浇筑了混凝土基础。烤炉的下面是支撑结构，其主要作用就是把窑体支撑到人体合适操作的高度，顺便做成收纳的空间，用来存放木柴或花园里的植料肥料等等。真正烧火烘烤都是在石板以上的窑体部分，采用双室结构，这种结构的优点是前部的出烟室与后部的烘烤室隔断，保温蓄热效果好。缺点则是结构比较复杂，砌筑难度大一些。

　　自己砌比较难的就是拱顶部分，出烟室和烟囱也是细致活儿。烧烤台的砌筑相比之下简单多了，我还在烧烤台的台面上做了半维护结构，立面造型同时也可挡挡风。

　　二次打造的烧烤台很好用，我常开玩笑说这炉子凝聚着我 30 年的烧烤经验，其实也不为过。小时候的我很喜欢玩火，经常会自己烤东西吃。麦子将要成熟的季节，撸一把半黄的麦穗，将已饱满但还没有完全干熟的麦粒儿点把火烤一烤，放在掌心里一搓，噗地一口吹去颖壳，手心里剩下一小撮外表略泛焦黄质地柔韧的麦粒儿，扔进嘴里一嚼，原始的麦香混合着淀粉蛋白质的焦香，绝对是童年时期的美味。还会在田埂上挖坑搭灶，掰几个玉米棒子烤食，偶尔钓到小鱼也会烤着吃。有这么多的烤食经验，在做烤炉的时候自然就会在细节上多些讲究，譬如炭火到上层篦网的距离，如何方便地添炭以及出灰等等。

　　这个烧烤炉用了大概两年，功能性无懈可击，但同时也感到它的形式太"专业"，互动参与性不足，自己俨然就是一个烧烤店大师傅，只顾着埋头烤肉，缺少围炉烤火烤肉的"众乐乐"氛围。去年，我决定再做一个圆烤炉，大家可以一起围坐同乐，烤火烤肉。

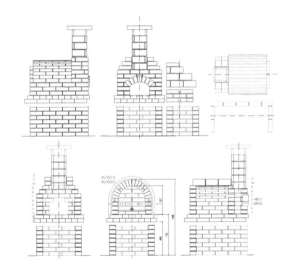

圆烤炉

　　新砌的圆烤炉位置就选在欧包窑前面的地方，这里在做菜园水池的时候原有两个石板凳，正好就把烤炉放在石板凳前。圆烤炉的体量很小，夯实地基找平铺层砖做基础即可。烤炉的尺寸不大，只用了几十块切成半块的耐火砖。

　　虽然工程量不大，细节上还是做了很多考虑。完成的烤炉有三层篦网，最下面一层铸铁炉齿，上面可以放红薯、土豆等耐烤食物，炭灰会直接漏到最下层，这一层空间的热辐射比较均匀。中间一层是不锈钢网，木炭就放在这一层上燃烧。最上面的也就是表面一层是铸铁搪瓷烤网，肉食等都可以放在这上烤制。每一层的间距都做了仔细的考量。

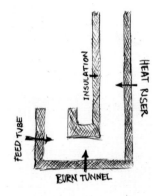

火箭炉动力白窑

再回过头说最早期闲置在那里沦为摆设的欧包窑,自烤过一次披萨后一直做拍照的背景,功能性体现不出来。这些年来我一直琢磨能否完善改造一下,提高其实用功能。理清头绪的过程中在朋友家发现了火箭炉动力白窑这个好东西。

所谓火箭炉是一种高效率的燃烧系统,它利用烟囱效应原理,火焰向上直窜。由于燃烧时火焰高,伴有噗噗声,所以取名火箭炉。而白窑是指用于加热的烟气与被烘烤的食物隔离的烤窑。或许有人会觉得这样的烧烤少了烟火气,其实以我几十年的烧烤经验来看,只要温度足够高,烟火气自然存在,说白了就是糊了。

二者完美结合在一起就是强大的

火箭炉动力白窑,即以火箭炉作为升温动力的大烤箱。我认为做一件东西,首要搞清楚这东西各部分的构造及其意义,构造搞清楚了就知道该如何做了,弄明白构造的意义就能知道是否可做进一步的改进,或根据自己的实际条件做相应的改变。

初次听到火箭炉燃烧的呼呼火焰声就被深深吸引了,而且只需要三两根木柴就能维持充足的燃烧动力。由于拔风作用进气量大,燃烧充分,也就不产生烟气,对环境友好,容易操作。作为柴炉的一种,可以说是相当完美。而且白窑烧火的烟气与食材不直接接触,食物不会被烟尘污染。优点这么多,自己必须得造一个。

此时院子里已经建成三个炉子,且圆烤炉建好后,烧烤台就被闲置了,遂决定把已呈废弃状态的烧烤台改造

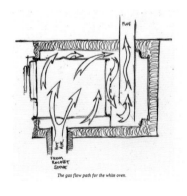

The gas flow path for the white oven.

成火箭炉白窑。因地制宜，各种比划后决定将新窑旋转90°，以原烧烤台作后支撑，在烧烤台前的地上做火箭炉并且作为烤窑的前支撑，让新窑垂直于原欧包窑布置。这回仍旧不打算做雨棚，所以得让窑体自带防水功能，并且还要做成耐火砖外包的形式，以便更好地融入当前的花园环境。另外，常规火箭炉窑是直线型布置，火箭炉在窑门前，操作烤箱的时候总觉得脚下有些碍事儿。我决定把火箭炉和窑体扭转90°布置，将燃烧口转到烤窑侧下方。这一改动对燃烧效率和烟气通道均没有任何影响，却可以大大方便烤窑操作。

设计时本想用耐火砖整包桶体，但是前半部分窑体需要增加下托石板，会对烧火添柴有些影响，最后还是放弃了。实际上，耐火砖只包了大概三分之二的桶体，露出闪亮的小半截油桶，要么等它自然氧化暗淡下去，要么后续刷漆处理。至于刷什么颜色，暂时没有想好，或许等想好了桶色也就氧化得看顺眼了。

欧包窑基本都是瓦工的砌筑活儿，而火箭炉窑主要是机械加工活儿，包括切割和组装铁桶，如果材料齐全做起来也很快，短短几天时间就能完成。不过细节上也还是费了些脑筋，比如烟囱的处理、温度计的安装、窑门的制作等，尤其是温度计的安装，因为温度探杆需要穿过三层桶壁以及桶壁间的热流层和保温层，还得保持层间的相对封闭隔离。好在这些都圆满解决了。

用火箭炉烤披萨非常容易，我尝试过一次性放三张九寸的披萨入窑，因边缘太靠近窑壁会有一点点焦糊。一次性放入两张饼，放置于中轴线上就比较适宜，将石板预热到200℃左右，几分钟能出炉。当然，我的终极目标依旧是烤制欧包。经过多轮测试，从一炉两个到一炉四个，从单炉到连续两炉，再到连续四炉。我对面团发酵过程与窑炉点火升温过程的衔接进行了充分的测试，面包入炉烤制的时间是25~30分钟，但受二发时间与藤篮周转的限制，即使连续烤制，出一炉至少也要用一小时。

总的来说，火箭炉动力白窑的构

造比较简单，制作材料易得，建造方法不难，很适合DIY（自制）。说起来我院子里的菜园、水池、烤炉、堆肥池等都是自己做的，省钱不用说，还有一个根本原因就是这些零星的"小活"很难找工人来做。一方面工程量太小，另一方面要求比较特殊，甚至繁琐，工人一般不愿意干。曾经有花园设计师带着客户和瓦工一起来考察我的欧包炉，准备复制一个，看完回去还是决定不做了。自己动手做，难就难在迈出第一步，若真投入进去你会发现并没有想象的那么难。当然也需必要的装备，务必按规程操作，做好劳动保护。能不能做得好，手艺是一方面，态度也非常重要，而自己给自己干活儿必然是最用心的，这就已经成功了一大半。自从用上火箭炉，烧火和烤制的活儿比用前几任窑炉轻松多了，我也有更多的时间和大家一起聊天玩乐。🌸

花园烤炉大比拼

● 烧烤台和圆烤炉都属于炭火直烤型烤炉，优点是火力大、气氛好，烤制速度较快，烤制肉食风味佳。但由于热量来自下方的炭火，需要不停的翻烤，烤制的人会比较累。烤制时尽量避免烤出来的油滴到炭火上，否则油烟熏黑的食材不但没有卖相，吃着也不健康。

● 欧包窑，包括石窑和土窑等。石窑的外形比较美观，而土窑的制作成本低。这类窑的问题在于预热慢、续航能力差，烤欧包需要撤火清窑，且烤制过程中温度持续下降，对烤制技术是个考验，操作麻烦。这类窑在点火升温过程中烟气大，尤其点火初期，浓烟滚滚。

● 花园中常见的价格不菲的燃气烤炉，适合放上烤盘进行西式煎烤，如果直接在火上烤，会出现一条条的火排，那是热力不均匀的表现，烤制效果也并不理想。它在花园布置中被普遍采用，是因为使用燃气方便又干净，不污染环境。

● 花园出镜率很高的壁炉，拥有它的人应该都清楚，基本以摆设居多，作为烤炉使用的功能有限。

● 火箭炉烧火的活儿很轻松，火力旺、用柴少，升温快、污染小，完全颠覆了柴炉烟火缭绕的形象。火箭炉动力白窑操作简单，温度易控，动力强劲且持久，烤制食物干净卫生，如果把温度控制在300℃左右烤制肉类食材，完全可以媲美炭火直烤的效果。烧烤过程告别了烟熏火燎，不惧风雨，不畏酷暑，使用舒适度也有质的飞跃。"颜值"只能算有个性，它的好需要你慢慢去体会。

● 火箭炉是"火力在线"的烧烤模式，温度可保持在150~300℃之间，适合烤制各类食材，在烧烤派对中可以持续不断的执行各种食材的烤制任务，包括蔬菜类、肉食类、土豆红薯面包等主食类的制作，实现一窑走遍天下的理想。烧火箭炉的突出优点还在于捡点儿废木柴就行，燃料成本低廉，但是应该避免使用胶合板和木工板等带有胶水的有机化合物木柴，避免燃烧释放有毒有害烟气。

蝴蝶兰挂花

用心去感受，那蕴藏在自然中的温暖。

------ 花语录 ------

蕾丝：惹人怜爱的心
小尤加利果：恩赐、祝福
蝴蝶兰：幸福美满
雪柳：殊胜

—— 作品配色 ——

花材：大阿米芹 5 支、小尤加利果 3 支、蝴蝶兰 7 支、珍珠绣线菊 5 支

步骤：

1. 准备一些玻璃试管，用棕色胶带缠绕。缠绕时，注意不要裸露出玻璃瓶身。
2. 用细铁丝将试管口串联起来，每根试管间保持一定距离。
3. 将试管的下方同样用铁丝固定成一排，以防松散，上方则用木枝和铁丝，将试管两端吊起。
4. 用拉菲草缠绕覆盖铁丝部位，以便美观。
5. 往试管内注入清水。
6. 将珍珠绣线菊间隔地插入试管中，以防过于拥挤而影响美观。
7. 白色的大阿米芹搭配珍珠绣线菊的清新、蝴蝶兰的少女气息、小尤加利果的点滴俏皮，作品完成。

花艺师介绍　曹雪

80 后"时尚派"花艺设计师、花田小憩－植物美学生活平台创始人、美国花艺学院认证教授、国内众多先锋派花艺师的导师、众多明星名人婚礼派对和宴会活动的设计者，被誉为"当代花艺界的魔术师"。

花材：灯台5支、爬山虎藤2支、
　　　仙客来2支、竹子2支、莲蓬2支

步骤：

1. 在方形花器内放入两块花泥，其中一块靠边平放，另一块则在边角处立放，使得作品呈现出自然的高低差，放置枯木枝固定。
2. 选取火红色的仙客来，分别插在两块花泥上。
3. 用爬山虎藤圈圈缠绕仙客来，依靠下方的枯树枝来固定。
4. 选取一高一矮两支竹子，顶端斜切后插入花器中，增加整体的美观度。
5. 灯台枝干较多，先进行简单修剪分叉，再插入两侧作为辅助装饰。
6. 用麻绳将两棵莲蓬分别固定在竹子上，固定时要上下错开。
7. 嘉许仙客来，乐于其中惆。苍翠节节高，莲蓬荷清香。新年送旧年，更添新气象。

粉黛红颜仙客来

碧罗配红颜，何等娇艳，胭脂粉黛，轻提裙摆仙客来。

—— 作品配色 ——

圣诞花环
DIY

文／图·Ellen

圣诞节是一个大人小孩都期待的节日，节日里有礼物和传统的节日装饰。在西方的传说中，圣诞夜挂上花环可以保护小朋友们在新的一年中不被妖魔伤害，有辟邪的寓意。用新鲜采撷的植物手工制作的圣诞花环会给冬日里的家园添上一抹春意。

松果　乌桕果　柏树枝　南天竺果

不认识

松树枝　五针松　黄芽

花材与工具

　　制作圣诞花环所需要的花材在城镇各处都是可以搜罗到的，请准备柳条、松果、侧柏、花叶黄杨、南天竺果，从柳树上剪取细长的枝条，如果是鲜绿色带有韧劲的枝条，可直接使用，如果枝条已经开始干枯，放入水中浸泡几天再使用。

麻绳　鱼线　扎带

棉线　丝带

剪刀　胶枪

制作步骤

I. 编织柳条花环的基本框架

1. 将 3~4 条柳树枝合并在一起，松松地卷成一个圆圈。
2. 在绕好的柳条圈上增加 1~2 根枝条，顺着一个方向卷入。
3. 重复以上步骤，直至柳条圈足够粗壮。在绕柳条圈时，不要绕得太紧，松松的即可。枝条间需留有空间，以便后面插入其他花材。
4. 如果柳条圈接头的地方不好处理，可以用扎带进行绑扎。

II. 制作植物花束

1. 将黄芽、南天竺果、乌桕果等使用扎带或棉线或麻绳进行绑扎，扎成几束小捆的备用。操作不熟练的，建议在花束下部用胶枪黏上牙签棒。
2. 松果底部也用胶枪黏上牙签，也可依各人喜好而定，使用胶枪直接将松果粘在柳条圈上。

III. 组合花材

1. 首先将黄芽按同一个方向插入柳条圈的缝隙里。
2. 渐渐丰满它们。
3. 继续插入柏树枝。
4. 最后插入松果、南天竺果、乌桕果以及其他花材，插入时要注意将材料斜着插入。
5. 将花环翻过来，剪去突出的牙签和扎带等零碎，一件精美的圣诞花环就做好了。
6. 松果上可以喷上人造雪，或者给花环系上丝带，绑上麻绳，加上喜欢的装饰挂在门上或者放置在任何你喜欢的地方。

　　除了具有节日特色的圣诞花环，亲手
制作的花环还可以发挥想象拥有自己的风
格。不要急着将这些节日花环扔掉，经过
时间的着色，一年后的它们依旧很美，散
发出岁月的流金韵味。🌸

年终回顾篇：
从不冷场的四季

文·阿桑
摄影·纪菇凉
花艺造型·阿桑和南京春夏农场团队
场地支持·南京春夏农场

今年南京遇上旱情，整个秋天，农场都在等着秋雨，盼着在翻了的大地上播上花种等来年春天发芽开花，可是望眼欲穿，整整三个月也没等到一滴秋雨，竟等来一场一夜入冬的冷雨。

冰冷的冬雨，真是让人咬牙切齿地恨，可转念一想，池塘里的水可以涨高些了，这才没那么让人讨厌。冬

雨过后的农场全面进入萧条期。叶子全摊落地上，连入侵性很强的加拿大一支黄花也败下阵来。坐落在小土坡上的木屋被光秃的树木包围着，不免又多了几分苍凉，让人心情阴郁。整个农场的工作也停了下来，好像有了一个可以停下的理由，正大光明地说这一年可真累坏了，整个人疲惫不堪。

　　放下还未完成的工作，打开新买的壁炉，和前来探访的友人喝茶聊天，回顾过去一年，这片土地曾给予的馈赠。从春天玉兰花悄无声息地漫开，到平地一声雷里桃花开，紫藤挂串，梨花挂满树梢，再到初夏矢车菊、虞美人、黑心菊，以及不知名的野花左一丛右一丛此起彼伏地盛开，桃子熟了，西瓜熟了，香瓜熟了，黄瓜、南瓜、茄子、萝卜、生菜、菠菜、荠菜、白菜，一样接着一样，每天应接不暇的惊喜。

即使是没有雨的秋天，我们也抓住了秋天的尾巴，看乌桕红叶。直到此刻，温室里的香雪球都齐刷刷地发了芽，开了花。想想这快要翻篇儿的一年，我们借助四季享用过近50个四季餐桌美学花样，开启了天上的街市、四季植物展览、欢闹的草地野餐音乐会。想到这些，这个冬天还有什么可抱怨的？也才想起我们即将要在2000平方米温室奇幻花园里开启新一期的植物艺术展览。

即使是冬天，我们的大自然以及植物也并未令人失望。依旧看得见曾经每天飞入餐厅叽叽喳喳与我们一同吃早餐的群鸟从树林间飞过，即便整个农场变得安静，也心怀感激这四季的自然植物。与自然植物相比，我们人类做的可还太少太少。遇到不少人问起关于园艺疗法的观点，这一年的回答没有变过。真正的园艺疗法不来源于理论。别去纠结，是去做，是认真地找到与大自然相处的方式；是去动手，去参与，去相处，去与植物一起感受喜怒哀乐，去感知植物生命转瞬即逝的瞬间。这会令人倍感珍惜今日所得，时间宝贵。那是敬畏生命珍爱此刻的开始。🌸

派对篇:

入夜后的星光

文·阿桑 摄影·纪菇凉

花艺造型·阿桑和南京春夏农场团队

场地支持·南京春夏农场

　　秋冬派对可用的素材实在太多，即使没有更多的鲜花可供使用，但是草类登场了。毛茸茸的芦苇有可爱的线条，既可以当线性花材，又可以当块状花材，既是主角又是配角。选择在一棵老树下或者一片草地上，拉上灯串。入了夜，点上蜡烛，端上食材，星星点点，就可以招待朋友。如果家里或者院子里种了观赏草，那么方法同样。来年农场将要种上更多的观赏草和宿根草花，长成草甸子，可以玩更有秋冬风情的派对。🌸

加州伯班克花园和育种

文／图·蔡丸子

一次去加利福尼亚州的纳帕溪谷旅行，我参观了当地著名的酒庄、葡萄园和庄园，也意外拜访到一座当地花园（www.lutherburbank.org），并不大，看起来很普通，但它的主人在园艺学上很有名——他就是美国著名的园艺学家、果树栽培学家卢瑟·伯班克，他一生执著于自己热爱的育种事业。

可能你不一定听说过卢瑟·伯班克（Luther Burbank 1849-1926）的名字，但你一定吃过麦当劳的薯条吧？这种薯条并不是哪种土豆都能油炸出来的，用得最多的适合做薯条的土豆品种就是由伯班克1871年培育出来的，这种褐皮白肉的土豆叫做 Russet Burbank Potato。他一生50年园艺育种生涯培育出800多个新品种，就好像专为培育植物而生。

花园里的马铃薯主人

伯班克出生于马萨诸塞州的兰开斯特，从小就对自然很感兴趣，经常收集野花种子在家里种植。在完成学业并在一个小工厂工作一段时间后，21岁的伯班克买了一小块地，开始种植商品蔬菜。随着他对植物育种兴趣渐浓，他有了新的想法——通过挑选来驯化优良品种，并且通过杂交（Cross Breeding）培育新品种。伯班克通过提供肥料、增加温度和湿度，加快植物生长过程。这些方法使植物比在自然状态下长得要快。

伯班克的职业生涯正是始于在自己的花园里种植马铃薯。马铃薯会开

美丽的花朵，也会结种子，人们大多会直接用种薯块茎来种植土豆，而会忽视不可食用的种子，但伯班克一直在阅读查尔斯·达尔文的书。达尔文认为每种植物都含有无数可能的变异，他对23种种子进行了种植。最终只有两种植物生产了马铃薯，其中一种就是今天我们吃的土豆，它有棕色的外皮，白色的肉。后来被称为"Russet-Burbank 伯班克马铃薯"。伯班克以150美元的价格将新马铃薯卖给种子经销商（他卖500美元，但对方只付给他150美元）。这种大型的土豆已经成为美国主要的加工马铃薯，它的植株较强壮，可抵御虫害，也耐储存。

1875年，伯班克决定搬到加利福尼亚州纳帕溪谷一带，部分原因是因为他的三个兄弟住在那里，部分是因为他觉得那里的气候和条件对园艺工作更好。他在圣罗莎（Santa Rosa）定居，并很快购置了一块占地四英亩的土地，开始从事苗圃业务。

这里自1960年起捐给政府后全年对公众免费开放，由圣罗莎小镇管理。他曾经在这里倾注所有的心血，沉浸在自己热爱的园艺事业中，培育的蔬菜、水果、花草超过800个品种，包

括伯班克土豆（Burbank Potato）、李杏（Plumcot，李子与杏的杂交），以及大滨菊（Shasta Daisy）。伯班克的主要兴趣在于做植物品种实验，培育新的品种。与其说他是一位科学家，不如说他是实践种植家。他的花园就是他当年的育种基地，不过这里不是中规中矩的苗圃，而是一处美丽的阵地。

滨菊之父

伯班克最大的贡献在于培育了伯班克土豆，还有各种李子和无刺仙人掌。这种仙人掌既可食用，也可做家畜饲料。伯班克的另一项壮举就是培育出了大滨菊，那些纯洁美丽的大滨菊就诞生在他的花园里。大滨菊是牛眼菊、两种欧洲野生雏菊和日本纯白雏菊的共同杂交产物。

Daisy 这个词在中国通常被翻译成"雏菊"，它已经成为一些菊科花儿的通用名称。单词"daisy"是day's eye（白天的眼睛）的缩约形式，说明雏菊花的外形像太阳，洁白的花瓣围绕着一个金黄色的花芯，这是菊科植物的一种经典排列。每一个细小的茎上长着头状花序，锯齿状的叶子相隔较远。如果你春夏去欧洲，那么草坪上星星点点的小草花雏菊一定会吸引你的注意，它是春天花园的最爱，也叫做"English Daisy"，拉丁名是*Bellis perennis*。它原产于欧洲，开着白色、粉红色或者紫色的花瓣，头状花序直径大约为5cm，植株很矮小，很多小雏菊会作为草坪缀花。但它和滨菊完全不是一回事。

牛眼菊（Oxeye Daisy）是夏日花园的主角，因为花瓣为白色，所以也叫做"white daisy"，它的拉丁名是*Chrysanthemum leucanthemum*，也是菊科的一种。原产于欧洲和亚洲，但在北美洲比较普遍，它长在原野和道路

边，能长到半人多高。许多各种各样的雏菊被园艺家们栽培成了园林植物。其中著名的大滨菊（Shasta Daisy），因其大头状花序而出名，直径尺寸有 5 ~ 10cm——就是由卢瑟·伯班克培育而成的。

伯班克喜欢雏菊，还是在家乡马萨诸塞州的时候，他就喜欢家门前榆树下生长着的野雏菊。这种牛眼雏菊在整个新英格兰都很常见，是朝圣者们从英格兰不经意中引进的。这位年轻的植物育种者受到启发，构想出一种理想的雏菊版本：有非常大的纯白

色花朵，花瓣修长，光滑的茎杆，开花早而且持久绽放，并且具有良好的切花品质和瓶插期（不再是易凋零的野花）。

所以他开始努力培育自己的理想版本。

1884 年，他先在圣罗莎的房屋南侧种上了牛眼菊（Leucanthemum vulgare）的种子，这是他在新英格兰收集的。他让昆虫为花朵自由授粉（开放授粉），并从最后的种子中选择种子进行重新种植（选择性育种）。他把这个过程重复了好几个季节，但花朵并没有明

显的改善。

随后它用英格兰田间雏菊（English field daisy，这种雏菊的花朵比牛眼菊更大）的花粉和这些早期选择中最好的花朵进行授粉，杂交后的幼苗开花更多更大了些，之后这些杂交种再用来自葡萄牙的田地雏菊（Leucanthemum lacustre）花粉交叉授粉，这个过程花了六年时间。

但结果仍然不满意——显然花朵不够白——之后他又用日本田野雏菊为这些三重杂交种授粉，这种雏菊以其白色花朵而闻名。

结果是一朵花接近他想象中的那朵花。1901 年，他向公众介绍了 Shasta Daisy（译为大滨菊），以加利福尼亚闪闪发光的白色沙斯塔山来命名这种雏菊（Leucanthemum x Superbum），至此耗时 17 年。

纯洁的大滨菊花瓣修长洁白，自它诞生起，就备受美国花园主人的珍爱，成为花园中流行的偶像级花朵——2001 年是卢瑟·伯班克推出 Shasta 雏菊的 100 周年纪念。现在它已经开遍世界各地，包括中国的花园，国内还可以买到一种春白菊，花色和花形与大滨菊很相像。

除了大滨菊，伯班克还培育了剑兰（Gladioli）、大丽花（Dahlias）、铁线莲（Clematis）、罂粟（poppies）、孤挺花（Amaryllids）和玫瑰的新品。

他花了 16 年来研究百合，培育了从 15cm 到 180cm 的各种品种。直到伯班克去世，他在圣罗莎做的试验超过了 3000 个。卢瑟·伯班克所带领的植物繁殖实验为他带来了传遍全世界的名声。他的目标是想要去改良植物的品质并且增加地球上的食物供给。他曾说自己的兴趣不仅在于种植植物，还在于努力改善它们并使它们对人类更加有用——加州政府为感谢他的卓越贡献，特将他的生日那天定为植树节。

非学术意义的科学家

什么是植物育种，是应用遗传原理来生产对人类更有用的植物（New Creations in Fruits and Flowers）。这是通过选择发现经济上或美学上所需的植物来实现的，首先通过控制所选个体的交配，然后通过选择后代中的某些个体来实现。伯班克的方法就是对不同品种甚至不同物种的植物进行异花授粉，以种植大量新杂交种，并选择新一代的最佳植物来开始新品种。

由于当时植物品种不具有可专利性，因此伯班克不得不直接向农民和园丁出售单株植物和种子，并间接通过 Burpee Seed Company 等零售商出售。尽管伯班克培育出那么多植物品种，但他仍然被科学家们批评，因为他没有保留科学研究中常见的细致记录——这大概是因为：他主要对结果而不是基础研究感兴趣。普渡大学园艺与景观建筑学教授 Jules Janick 博士在 2004 年版的《世界图书百科全书》中写道："伯班克在学术意义上不能

被视为科学家。"

虽然伯班克可能不是现代标准的科学家，但他缺乏记录保存反映了他生活的时代。他的创新是革命性的，在无法合法保护自己发明的时代，伯班克可能对他决定记录的成功持谨慎态度。此外，他的记录可能不一致（令现代学者感到懊恼），因为他觉得他的时间在花园中得到了更好的评价，而不是在他的记录簿中写下每一个试验和错误。

花果实验室

伯班克的生涯中，位于圣罗莎四英亩大的农园是他的室外实验室，在他过世前十年，伯班克先生卖掉了一些土地，也就是现今所存留下来的。

他过世后，应他夫人的要求，将农园中心重新设计，并于1960年捐献出来成为一个纪念公园。这安静的地方，有石头喷泉，四周围以木头篱笆遮蔽，满足了伯班克夫人的愿望：一个使用植物为奇想主题的花园，直至今日都没有改变。

花园和其他美国别墅一样，分为前院和后花园。来访者可以参观居室，能看到伯班克先生当年生活和工作的痕迹。前院花园可以欣赏到主人对园艺事业的贡献：无刺仙人掌、仙人掌花型的大丽花、大滨菊、无刺黑莓等等;游客可以看到他特制的小苗圃和温室。管理者为了可以让游客能更好地了解主人的贡献，特在每株花草前面设置了说明牌。在抬高的花床里，种植着主人的美好"作品"。经常有游人来

拜访，当地居民也会来此小坐。

后花园美丽大方。在粉色紫薇树的掩映之下，洁白的玫瑰花门、小鸟喷泉和温柔的银莲花交互辉映，令花园沉浸在粉色的浪漫之中。每天都有园艺师细心维护着花园，修剪枝叶，让花园总是保持美好的状态。

伯班克的花园其实看上去很简单，如同朋友们对他的评价："伯班克的内心深不可测，执著、谦卑、耐心、牺牲。他在玫瑰丛中的小房子非常简单，他知道奢侈的无价值，和种植的喜悦。他谦虚地穿着他的科学名声，一再让人们想起那些被累累果实压弯的树木，那些贫瘠的树木却在空荡荡的海拔中抬起头来。"这就是园艺学家伯班克的人格品质，热爱和坚持高于一切。🌸

同一个冬天
不同样的花园

北方的冬天冷得「不出手」，萧瑟笼罩着苍茫大地，顿失颜色，冬季里唯一的安慰便是年节，被赋予各种理由的聚会、庆祝、年终总结，和对新一年的希冀。

尽管北半球的花园集体进入冬的管辖，地理因素却在搞怪。向南，再向南的地方，温暖依旧，色彩依旧，甚至展现出其他三季见不到的景色奇观（江南结霜的花园）。这就是季节与地域的神奇组合在花园中的不同表现。各地花园是如何顺利过冬，植物又是怎样的表现？南北迥异，各有千秋。

华北的初冬
帮花草
御寒

文/图·海螺姐姐

过冬地区：北京

风铃声声紧，狂风一宿，
这是凛冬将至的信号。来
不及感叹时光荏苒，赶紧
忙碌起来，与时间赛跑，
为花草入冬做准备，为明
年的花园美景做铺垫。

　　华北地区四季分明，秋冬多风干燥，决定花事节奏的主要依据是温度。夏季看白天最高温度，冬季因夜晚最低温度而论。当夜晚温度降至0℃以下，就要做好以下准备工作。

　　此时树叶落尽，凛冬将至，开始给植物做修剪防护。这项工作可以在深秋开始着手，但要把植株顶部露出。这个时候的修剪主要以方便操作防护、不妨碍观瞻为主。不过度修剪更加利于植物的保水御寒。另外，只修剪掉有碍观瞻、老弱病残、越界的枝条，也有利于打造冬季可观赏性花园。如

圆锥绣球、乔木绣球'安娜'、各种花灌木、观赏草、地栽三类铁线莲等，来年开春根据造型需要，修剪至壮芽处即可。

　　花园里的落叶不必及时清除，让它覆盖土面，保温保湿，开春清除或者届时直接覆盖堆肥、腐叶土、园土就可以。用石灰乳、食盐、食用油、石硫合剂把乔木树干刷白，一方面预防寒冻害，另一方面预防病虫害。

　　清园打药（石硫合剂）这项工作如果是初冬和初春选择实施的话，我倾向于开春开园，植物刚萌芽时进行。

石硫合剂由生石灰、硫磺和水熬制而成，它的药效和温度有关，在4~32℃之间，温度越高效果越好。初冬病虫生命活动不活跃，有一部分进入休眠状态，耐药性很强。此外，李子树也不适用，会抑制花芽分化，造成减产。

猫冬前的最后一项工作："刀枪入库，马放南山"。盘点库存，做到心中有数。擦拭工具，洗掉泥土，喷上去锈油，打磨一新后放到合适的位置保管。厉兵秣马，为来年的花事做好准备。做任何事如此，种花也是，善始善终，认认真真地把每一个环节

尽力做好，结果当然遂心满意，时间长了，反而省力省钱省心。

随着室外气温的下降，入冬工作的收尾，花园活动转场到了室内，家里的花房开始启用，俨然成为我的第二莲园——冬季的客厅和餐厅。花房里植物生长绿意葱茏，春意盎然，消除了北方冬季的萧瑟带给人的情绪低落和伤感。隔窗观赏，室外花园冬景耐人寻味，室内一家人其乐融融，热火朝天地筹划着下一个春天。盼着念着，北方的冬即使再长再凛，终有过去的时刻。

夜晚温度 0℃以下的花草打理工作

月季

　　国产月季强健壮实，更适合北方的气候，只需修剪凌乱的枝条，根部培上 15cm 的土。欧洲月季娇弱很多，去掉弱病枝条，捆扎成一束，用无纺布等材料包裹上，根部培土防寒，开春再修剪。其他植物也该包扎了，包扎的时候顶部先开着口子，等温度更低再封上（其实再晚点包扎也无碍，但天冷了冻手）。

新栽的乔木类

　　用三层缠树棉缠绕主干，根部培土，最好浇透冻水，用地膜覆盖根部再培土保护。一般情况下，第二年无需保护。

新种的灌木球

　　用两层无纺布包裹，根部培土覆盖住无纺布即可。

大花绣球无尽夏

　　经过多年实验，新枝开花的大花绣球无尽夏在北京包裹保护与否结果相差不大，我只在浇完晚冻水后根部覆盖 10~15cm 土即可。

球根植物

　　地栽的只要土能挖动就随时种。如果球根到得太晚，就把想要种植的位置用塑料、无纺布等

材料盖上，不要着水以免土冻太硬，等种完再浇水即可。或者预先把土准备在不上冻处，届时用盆种好放避风处，来年开春直接下地。

鸢尾、芍药、独尾草等这类球根不能种太深，芽点先用土覆盖 5cm 左右，再用稻草、无纺布等防寒材料覆盖，开春记得扒开土壤，露出芽点。

雪滴花、百合、郁金香、洋水仙、葡萄风信子、风信子等球根按照资料种植即可，重点提醒的是贝母，一定要横着种植，防止积水进入球体腐烂。

为了装点冬日的生活，球根我们也可以用漂亮的盆器盆栽，单品种和组合都很美。一定记得放到阳光充足且没有暖气的室内，这样不会徒长，花期也相对延长。

铁线莲

盆栽铁线莲去除枯枝败叶，整理干净入隧道棚。大部分小铁不怕冻，扔在墙角旯旮即可，这样做的目的主要是为了防风保湿，春天发芽早，一冬天浇 1~2 次水足矣。如果气温还不够低，不要拉上拉链，保持通风正常养护，等开始上冻再封闭。

冬季如果是暖冬或无雪干旱的天气，中午适当拉开拉链通风透气，记得每隔 20 天左右查看避风向阳处和棚里的植物，用手指插进土里，第一指关节感觉不到潮气，就要适当补充水分。

地栽铁线莲重点保护老枝条开重瓣的和开春只有一季花的，把枝条解下来，盘绕在地面，用两层无纺布覆盖，或者用一个花盆倒扣。也可以不用解下，连架子一起用无纺布包裹即可。🌸

文\图 · 玛格丽特－颜

江南的冬天依旧可以很美

过冬地区：长三角（华东区）

每次拍摄冬日里的河马花园图片，总会引来北方花友的羡慕。冬日的江南有着温和的阳光，皑皑的白雪，也有讨厌的湿冷和寒风凛冽。江南的冬季"色"不戒，冬日自有别样的景致。

茶梅冬日里开花，在雪中一片灿烂。

一些冬天不掉果的植物，像南天竹、迷你山楂"冬果王"等，形成冬日花园里的一道风景。

管理你的树灌木

Tips

怎样才能让冬日的花园依然美丽？你需要有一些常绿的植物，不能都是落叶的树木。桂花、冬青、胡颓子、茶花、栀子花、杜鹃、柑橘类植物等，都会在冬日给你保留一份葱郁的绿意。即使下雪，也完全不用担心。蓝冰柏、蓝剑柏、直立冬青、雪松、蓝松等，英气的造型会让萧瑟的冬日花园依旧傲然姿态。

冬日是给这些灌木修剪整形、施冬肥的好时机。去除冗余的枝条、细弱枝、内膛枝。常绿植物太过茂盛，会影响到周围其他花草的生长，根据需要，适当梳理。另外，树灌木一年施一次肥，在植物的周围挖些小坑埋下堆肥、羊粪等有机肥，或者把堆肥覆盖在植株周围。不仅施肥，改良土壤也有给植物根系保温的作用。

应季花草买买买

　　很多怕热喜凉的草花秋天播种，养在大棚里会提前到初冬就开花，于是花市上各种鲜艳热闹，让人感觉不到冬天已到的事实。初冬就可以购入这些草花，盛开整个冬季直到春天，让花园多一份温暖的色彩，价廉物美。耐寒的紫罗兰，白色、粉色和紫色，花序挺拔，可以搭配碎花的香雪球。角堇是每年冬天必买的花，今年花市上又出现了各种颜色，盆栽、地栽都非常适合，而且角堇皮实好养护，可以一直开花到明年5月。羽衣甘蓝的叶色极美，像花儿一般，非常耐寒，直到春天抽薹前都一直保持完美形态。还要推荐欧报春，在更冷的长江以北地区户外过冬也完全没问题。

冬日阳台也可以很灿烂。

大棚提前催花的洋水仙、葡萄风信子等，买来直接地栽，户外可以保持更长时间。地栽的球根则刚发芽，要等早春才会陆续开花。

如果是阳台，白天打开通风透气，晚上关闭保温，那么你可以有更多选择，蟹爪兰、迷你仙客来、四季报春（樱草）等，会让你在冬日里也有一个绚烂如春的阳台。

Tips

浇水要注意不能浇水，尽可能地在向阳避风处种植，促进更多花开出。遇长时间低温，可适当做防护。

Tips

冬季是很多植物的休眠期，随着生长
速度放缓，减少浇水量。在阳光好温
度高的时候，尽量开窗通风，减少阴
湿而产生的霉菌。

那些怕冷的植物

有很多植物的临界低温就是扛不住长三角地
区的冬天，虽然在成都地区可以顺利户外过冬，
比如三角梅、红千层、蓝雪花、五色梅、天竺葵、
朱顶红、一些多肉植物、大部分品种的玛格丽特、
矮牵牛等。这时候就需要做些防护措施了，比如
放到阳光房、封闭的阳台，或者搭个小暖棚，保
证它们顺利扛过霜冻、下雪，它们也会回报给你
一个灿烂的花季。秋天播种的盆栽小苗放暖棚养
护，早春出棚，会更早地开花。

其他注意事项

冬天是施肥的好时机。植物冬季休眠，吸收少，不容易烧根，而且天气冷，也不容易产生病虫害。另外，这些有机肥还能改良土壤。冬肥施好了，植物一般的施肥工作也就完成了。江浙沪地区常用的冬肥是腐熟的禽粪、堆肥和有机肥，从初冬到立春之前都可以给植物施用。铁线莲、月季等冬季施肥尤其重要，这步决定了第二年春天的开花量。

玉簪、松果菊等宿根草本正处于休眠、半休眠状态，有些要注意保温防寒，埋土防寒。球根花卉像秋植的郁金香、洋水仙、各种百合等，种下后会先长根系再发芽，注意盆土湿润不积水，防止烂球烂根。国产水仙的培育要注意冷和阳光充足两点，温度不能太高，不然就长成大蒜了。

观叶植物要求室内温度达到10℃以上，例如橡皮树、变叶木、羽叶南洋杉、合果芋、海芋、绿萝、蔓绿绒等还是怕冻的，而且室内温差不能太大，温度忽高忽低容易引起老叶片发黄脱落。注意通风，偶尔需要喷水。

仙人掌类及多浆植物需要多晒太阳，注意它们的临界低温，控制浇水。景天类的多数能耐0℃左右的低温，太冷了还是需要进室内防护，可在中午温度最高的时候开窗透气，加强通风。🏵

湖南花园
准备冬眠前的
三步走

文／图・肖习

过冬地区：湖南湘中

霜降碧天静，秋事促西风，寒声隐地，初听中夜入梧桐。霜降过后，天气渐凉，冬天来了。随着气温渐降，又要开始考虑花园过冬事宜了。

2019年湖南的天气有些反复无常，气温犹坐过山车，跌宕起伏。作为与泥土相伴六年的老园丁，自然是以不变应万变。不管老天爷如何善变，花园每年过冬前的几个标准动作总是少不了的。

修剪清理

修剪是冬天的必修课，植物一年中的大修主要集中在冬天。欣欣向荣了一年的植物此时需要停下生长的步伐好好调整，休生养息后，待来年春天重新蓬勃。这期间，有些植物的地上部分会全部枯萎，或者落叶，看上去没有生命迹象，相当于动物的冬眠。这时需要把植物新陈代谢下来的枯枝败叶修剪清除干净，保持盆内清爽干净，以防各类虫害在落叶上产卵，给来年的花园安上定时炸弹。

月季、绣球、铁线莲并称"花园三宝"，它们都是要在冬天重点修剪的植物。

铁线莲是抗寒标兵，大部分品种能抵御-15℃左右的严寒，小部分品种气温低达-20℃也没有问题。铁线莲的修剪在冬末春初即将萌芽时进行，修剪按品种分为一二三类。月季的抗寒能力也非常强，长江以南地区不需要做任何防护即可户外安全过冬，长江以北地区如果气温降至-10℃，可在根部做适当覆盖，但切记不要搬进室内，因为在室内有暖气不通风的情况下，月季很快就会吃不消。绣球相对于铁线莲和月季，抗寒力稍弱些，但一般情况下气温达-7℃左右无妨（2018年湖南湘中地区气温低达-7℃，绣球却安然无恙）。乔木绣球就更加不用担心，即便是-20℃也不会冻死。绣球是许多欧洲国家的花园标配，正是因它皮实好养、抗性强，观赏效果一流。

很多植物都是外柔内刚，没有我们想象得那么柔弱，千万年轮回流转中存活下来的物种在应对自然界的恶劣环境方面，早就练就了一身"金钟铁布衫功"。而修剪是减少消耗，养精蓄锐，让植物在冬季免受低温冻害的有效方式。

粉刷清园

每年冬天最冷的时候，我都会顶着寒风给花园的木本类植物刷上几遍石硫合剂。这时正是植物的休眠期和早春萌芽的前期，是使用石硫合剂的最佳时期。南方一般在大寒与小寒之间，北方则视情况提早半个月至一个月。制作的浓度配比为合剂与水按1:200（或300）操作。虫子不动的时候正是我们狙击的最佳时间，把虫害消灭在初始状态，清园行动旨在防患于未然。

需要注意的是，石硫合剂是由生石灰、硫磺加水熬制而成的一种用于农业上的杀菌剂。能通过渗透和侵蚀病菌、害虫体壁来杀死病虫害及虫卵，可防治白粉病、锈病、红蜘蛛、蚧壳虫等多种病虫害。以保护和防治病害

为主，且效果不错。但并非适合每一种植物的万能配方，像桃、李、梅花、梨等蔷薇科植物和紫荆、合欢等豆科植物对石硫合剂敏感，就不宜使用。家庭园艺主要用在月季和三角梅上，月季不用说，是有名的"林黛玉""药罐子"，三角梅是提高它的防冻抗冻能力。

往年有花友错误地将石硫合剂刷在铁线莲和绣球的枝条上，真心让人捏了把汗。铁线莲（常绿铁除外）冬天进入休眠状态时地表部分已全部枯萎，无物可刷，土下是毛细根，以石硫合剂的药力，一刷子药水渗下去，小铁很可能就休眠变长眠。而绣球8月之后萌发来年的新芽，落叶（或是强行撸叶）后枝杆上全是芽点，一刷子药上去可能虫卵与新芽一路归西。

所以，石硫合剂虽好，但不能盲用。

冬肥储备

俗话说冬藏，不仅是指养精蓄锐，休养生息，还有植物冬肥储备的一层涵义，以利来年应对春生、夏长、秋收的付出与收获。藏，是为春天的蓄势待发所做的充足准备。

冬肥的选择尽量用缓释肥，月季盆栽用"奥绿318"（肥效半年至九个月左右），若是地栽，月季也可选择埋鱼肠，离根系20~30cm处绕圈挖一凹槽，将绞碎的鱼肠均匀埋下，尽量埋得深些，小心猫狗闻"香"赶来，刨出饕餮一番事小，花园损兵折将事大。铁线莲、绣球最好以魔肥为主（魔肥中丰富的氮元素含量特别有益于铁线莲和绣球的生长，且肥效长达一年之久）。缓释肥的好处在于干净、好控制、不烧苗，肥力随植物不同生长时期所需而有效释放，尤其适合"园

艺小白"使用。若要用鸡粪或其他动物的粪肥，一定得是发酵完全的有机肥料，不推荐未完全腐熟的肥料，容易烧苗。

过冬三板斧后，剩余的时光就可以安心地围炉夜话了。当然，不要忘记做好花园设备的防护，在南方其实挺简单的，稍微遮盖包裹一下就行。前年冬天我因疏忽忘记遮盖，导致花园里的自动浇灌增压泵被冻裂，无法正常工作，平添一笔换新费用。

相对而言，南方花友好福气，过冬没那么辛苦，起码没有冻水，实在是干透了，晴天的中午再淋透，南方湿冷，对植物的伤害没有那么大，冬天淋水的次数也数得清。冬天时间不长，中间经常有"小暖阳"，人与植物都处于最舒服的状态。冬天厚积，春天薄发。花园四季有景，卉木蓁蓁，百花祁祁。🌸

作者 肖习

微博名：出来透气的孔雀
骨灰级园艺发烧友，拥有一个180平方米的花园。
2016年起开设个人原创微信公众号：赛斯花园陪你花心到老（kongquexiaoxiao17），不定期分享个人种植心得和养护经验。跟四季走，与万物合，你若关注，必有收获。

广东的冬天
花草进入舒适期

文／图·苜萝

秋风带着凉意吹走了夏天的炎热，也把莲盆里的荷叶染成了黄绿相间的颜色，黄肥绿瘦。晨起，看到枯干的莲蓬用它独有的暗褐色装点出一幅荷盆秋色，禅意静然。阳光虽依旧热烈，却变得温煦。南方的天空下，一夜秋至。

经过一夏雨水的浇灌，那些疯长成荒草的花木是时候该好好打理一回了。

关注天气预报

自古至今，农民为丰收而祈求风调雨顺。对于喜欢栽花种草的人来说，亦期盼好的天气。因此，对天气预报的关注必不可少。7天、15天、40天……有了天气预报做参考，园丁们可以早做准备，未卜先知。

广东沿海地区天气常年温差不大，硬要说差别，那就是夏天热点儿，冬天凉快点儿。真正冷的时间大概在圣诞节前后约两周时间，那种冬天伸手摸水就能冻到骨头痛的感觉，在南方完全体会不到。尽管如此，喜欢"拈花惹草"的花友们仍需要对天气加以关注，来调整浇水、修剪、播种、换盆、加肥、插扦以及防虫害的操作时间。

秋冬天的盆栽浇水

众所周知南方夏天雨水充沛，夏季对于植物而言是一个野蛮生长的阶段。无论是花园还是阳台，连同花市，都如盛夏午后的太阳让人恹恹欲睡般不得劲儿——没有花。

秋天一到，园丁们的精神和花儿一样都苏醒了。南方秋天里最灿烂的三角梅悄悄地开了。

与此相伴而来的，还有秋风吹来的好天气。深圳入秋以后晴朗无雨，空气日渐干燥，盆栽花卉每天浇水已变得必不可少。

浇水，是一门大学问。秋天浇水尤其要注意。此时空气虽然干燥，水分的挥发能力却远不如夏季。千万不要以为植物的叶子打蔫，就朝着花盆里猛浇水。这里有个误区：叶片缺水，盆土并不一定干。这是风的缘故。如果你不探察盆土的干湿情况就日日浇灌，很可能发现植物会越来越不精神，甚至出现茎枯的现象。这是浇水过多，导致植物的根已无法呼吸。

关于浇水，你只需要做到：盆土实干，浇水；盆土未干，喷叶面。既然盆土未干，为什么要喷叶面呢？你

一定见过花芽一夜之间枯萎掉落的样子。那是因为水分不足以呵护疾风吹过的花枝上的花芽，需要我们特别关照额外喷水的缘故。

何时为浇水最佳时间呢？"天明即起，洒扫庭除"是流传已久的中华传统。晨起后浇花也是许多花友的生活习惯。"一年之计在于春，一日之计在于晨。"一边浇水一边欣赏晨光下的花儿，这种享受简直太美妙。只是在干燥、降温、有风的秋冬季，还是选在黄昏浇水为宜。因为秋风总是入夜后更加猖狂，在你没注意的时候对植物进行摧残。白天的干燥空气已致使花草将花盆内的水分吸收得所剩无几，夜里它们亟需补充能量蓄势待发，迎接第二天的太阳，接受新一轮的生长考验。如遇突然降温，就要停止浇水。气温在20~25℃时，每隔三四天浇一次水。气温降到15℃以下，不到万不得已，一周浇一次水即可。

室内植物的浇水间隔时间翻倍。如果计划出远门，花草就要找人代为管理一番，如果是盆栽，种植规模不大的话，可在临行前浇透水，尽量把损失降低到最小。

施肥

　　植物的施肥通常分为四个阶段：育苗期、移栽期、生长期和花果期。大家最常听到肥料里的三种化学元素是氮、磷、钾。简而言之，就是氮促叶，磷促花，钾强健植株与果实。如果是为自家小花园小阳台育苗，使用一次性纸杯或几个育苗盘即可。通常我选翠筠营养土直接播种或育苗，简单又保险，且能保障小苗一直茁壮成长。底肥一般在移苗和换盆时进行。当苗情长到足够强壮需要进行分盆移栽的时候，就需要放底肥。不论是用化肥还是有机肥，放底肥时应切记一点，肥层与花苗根部要有土层隔离（一般为3cm以上），避免出现伤根的情况。

　　新一轮的生长季来临时，为了将至的花期，除了给足水分滋养外，还需要肥补充营养，保障花开时的丰富色彩和饱满度。薄肥勤施，频率一周一次，是最稳妥的办法。同样大小植株的草本植物和木本植物，施肥用量比例建议为1:2。

修剪

　　修剪的目的是要去除枯枝、残枝、死花和徒长的枝条。修剪的作用主要是塑形，让花草看起来更加干净养眼。许多朋友喜欢在室内养些绿植点缀居室，常见的有绿萝、发财树、幸福树、吊兰、龟背竹等，这些都是省心省力的常绿植物。除了平时的浇水加施肥养护外，还要注意及时修剪掉黄叶，使它们显得生机昂然，为室内增添意趣。

　　同样，阳台和花园里的植物也要勤于修剪。萎蔫的花朵、花梗要及时剪掉，多余的枝条也是。最好能做到定期清理，比如草花半月剪一次，木本植物一月剪一轮。

　　整体的修剪则要等花期过后，花期前的一两月不再修剪，用以留蓄花枝。盛花期过后狠剪。以南方多见的三角梅为例，一般8月中旬起我便不再剪枝，待到9月底10月初就能花开满树。

播种、插扦、换盆和移栽

　　播种、插扦，繁育新植株，是一件令人满怀期待又振奋人心的事情。看着植物一天天发生变化，渐渐长大，就如同带小孩儿的心情，满心期待。

　　播种一般以瓜果蔬菜和草花为主。南方秋冬天气暖和，在北方不可能再生长的蔬菜在南方可以照常生长，青菜、辣椒、番茄等通通能在 10 月初进行播种。差不多到 12 月底，便能有所收获。草花类如酢酱草、花韭、矮牵牛、石竹、旱金莲，也可以照常播种。

　　插扦的适宜温度在 15~25℃上下，特别是草花类几乎不需要任何技术含量，随便一插即能成苗。注意做好保水工作，木本植物亦是如此。若气温低于 18℃，就要及时做好保暖防寒措施，放置于阴凉处，不可直晒。适合叶插的植物有多肉、非洲堇、大岩桐等，适合枝插的植物有菊花、重瓣凤仙、矮牵牛、天竺葵、三角梅、月季、山茶、海棠、绣球、蓝雪花、蓝星花、绿萝、薄荷、茉莉花、长寿花、彩叶草、铁线莲、无花果、火龙果、苦科植物等。

　　植物的换盆和移栽遵循"太热不换盆，太冷不换盆"的原则。此处所指冷热气温参考是指夏季 25℃以上，冬季 15℃以下。无论是小苗移栽，还是小盆换大盆，都是加底肥的好时机。木本植物盆栽，通常在用土时我都会加入些园土固根。久了之后，会出现土壤板结的现象，从而导致根须呼吸不畅，叶片日渐萎缩。这时候就需要换掉一半旧土，再添加新土新肥重新种一回。移栽完成浇透水，保持通风阴凉（请勿放在风口处）。约一周左右，便可移至正常生长环境下。

防风和防寒

秋冬季常伴有夜风，花友们需要防范高空坠物，一切事务皆要做到"安全第一"，其次才是乐趣。有些植物的植株娇嫩，如非洲凤仙、四季海棠，狂风时容易折扣枝条。因此，易折损的植物在狂风季应将它们置于背风的地方。

"一层秋雨一层凉"，每当秋雨来袭，便会紧随一次降温。这时我们要做好防寒处理。苦苣苔科植物、雀类的三角梅（金雀、红雀、婴儿玫瑰、橙雀热火桑巴等）都比较怕冷，气温降到15℃以下时就必须做防寒处理。最简单的办法有两种：一种是搬入室内，另一种是套透明塑料袋，即将整个花盆套入塑料袋中扎紧，以不漏气为准。套袋的方法简单有效，但有碍观瞻，且只适用于应付小型花卉。种植面积大时，就要用到覆地膜或搭简易暖房的办法。若条件允许，植物进阳光房是最好的选择。

有时我们从花市买花回来，没过多久发现花渐渐黄叶、落叶，抖开盆土一看，发现根部只是一根光杆，没有根。如果你买的是三角梅，那么不要惊慌，或许我们还可以抢救一下。当然，原来的黄泥土是要改善的，混入疏松的介质椰糠、蛭石、干草碎等搅匀，再种回去，浇足水，用一个塑料袋扎紧套起来放置在阴凉处，不用管它，月余后自然枝头发新芽，开袋放置在半日照环境下，两三个月后又是一盆好花。🌸

> 植物不张嘴，但从未停止对我们诉说。它们的语言，需要静心去聆听。
> 聆听得越多，越能体验到走进这片秘境的快感……

可爱的骗子
——植物的拟态

文·赵芳儿 图·玛格丽特—颜

植物界中的"骗术"是很多植物都具备的技巧。有的骗过捕食者，逃过被吃的命运；有的则骗来昆虫为自己授粉传宗接代。科学家们给这种骗术起了个文艺的名字，叫拟态。

南非，因弗多恩一片荒漠中，又渴又累的沙龙兔妈妈带着两只沙龙兔宝宝，到处找水喝。

"妈妈，还要走多久才能喝到水呀？"

"宝贝儿，这里没有水，我们找到水分多的植物吃就可以了。"妈妈回答。

"妈妈，这个是吗？"一只宝宝兴奋地指着旁边问妈妈。

"傻孩子，那是石头，不能吃！"

沙龙兔宝宝只得悻悻地跟着妈妈继续往前走。望着它们渐去渐远的身影。"石头"们露出狡黠的笑容："哼哈，又骗过一茬！"

原来，这些"石头"就是很多花友们都养的生石花，多汁儿爽口，正是沙龙兔寻找的美味。只因为长得像石头，它们骗过了荒漠中的像沙龙兔这样一批又一批的觅食者，得以安然无恙地在这片土地上繁衍生息。

在植物界中，这种"骗术"是很多植物都具备的技巧。有的骗过捕食者，逃过被吃的命运；有的则骗来昆虫为自己授粉从而传宗接代……变叶木上面星星点点的斑点，其实是模仿一种昆虫产卵后留下的斑点，它旨在向讨厌的昆虫传递一种信息："滚开，这里已经有虫拜访了，你们另寻他处吧！"从而逃过被祸害的命运。

如果要在植物中选一个骗术高手，那兰花必然当之无愧。

兰花？

对，兰花，就是那个在中国象征高洁、幽远，孔子爱它爱到骨髓里的"生在幽谷无人识""不以无人而不芳"的兰花；也是那个在西方，被誉为美丽、和谐和优雅象征的兰花。可是，它们在昆虫界的名声，就实在不敢恭维了，因为它实在是太会"骗"了。在全世界现存的20000多种兰科植物中，有1/3都干着坑蒙拐骗的事情。

自然界中，昆虫为植物传粉，植物以花蜜作为回报，它们互惠互利的关系维持着整个生态系统的稳定。但兰花从来不遵守"我给花蜜，你传粉"这个动植物社会的相处规则，而是利用靓丽多姿的色彩，或是香甜诱虫的气味将昆虫勾引过来，空手套白狼，骗得可怜的虫子帮兰花传粉，却拿不到分毫工钱，比拖欠农民工工资的工头更可恨。

来，先领略一下它们的骗术吧！

首先是"食诱"，这种方式诱骗的目标是那些没有学习经验的"天真"的昆虫，比如熊蜂、食蚜蝇、蚂蚁和蝴蝶。我们知道，花粉通常都是黄色的，所以黄色对昆虫来说往往意味着"这里有吃的"，仿佛我们从远远的地方看到的饭店的招牌。在贵州的喀斯特石山上，有一种小叶兜兰（Paphiopedilum barbigerum）深黯此道，把黄色这块招牌打造到极致——其硕大的亮黄色的退化雄蕊分外醒目，对黄色情有独钟的食蚜蝇哪能经得住

参考文献:

1. 任宗昕，王红，罗毅波，等. 兰科植物欺骗性传粉【J】. 生物多样性，2012, 20 (3): 270 - 279

2. Calvo RN (1993) Evolutionary demography of orhids: intensity and frequency of pollination and the cost of fruiting【J】. Ecol ogy, 74, 1033 - 1042.

3. Mattila E, Kuitunen MT (2000) Nutrient versus pollination limitation in Platanthera bifolia and Dactylorhiza incarnata (Orchidaceae)【J】. Oikos, 89, 360 - 366.

4. 李庆杰 朱晓林. 浅谈植物中的拟态. 岱宗学刊【J】.1997,4,13-14

5. Mattila E, Kuitunen MT (2000) Nutrient versus pollination limitation in Platanthera bifolia and Dactylorhiza incarnata (Orchidaceae)【J】. Oikos, 89, 360 - 366.

如此诱惑，像猫儿闻到鱼腥一般往前扑，就这样为小叶兜兰做了苦力；杓兰（Cypripedium）的行骗方法是生长出没有蜜的花蜜矩和假的花粉，就像面包店、水果店里的假样品，来吸引新手昆虫来觅食传粉。

其次是模仿有蜜植物。南非的一种兰花（Disa pulchra）模仿跟它一起生活的邻居鸢尾科植物（Watsonia lepida），也开粉红色的花，花形也相似，让昆虫傻傻分不清，把兰花当鸢尾，稀里糊涂传了粉；

比起简单的食物诱惑，"色诱"效果更强烈，手段也更专业，毕竟找女朋友的事儿应该比吃吃喝喝更挑剔一些。很多兰花能向雄性昆虫发出假的雌性昆虫性激素和信号，吸引雄性昆虫前来交配，从而达到传粉的目的。角峰眉兰（Ophrys speculum）将自己的花朵伪装成雌性胡蜂，连胡蜂身上的根根绒毛都在花瓣上伪装了出来；不仅如此，眉兰的花香还模仿雌性胡蜂的"体香"，更让那些来求爱的家伙意乱情迷、神魂颠倒。

兰花还可以利用昆虫的产卵行为，假扮成适合昆虫的"生孩子"的地方，吸引昆虫进入花朵产房。产房往往是"陷阱"花，野生兰 Serapias 是一个典型的例子，其花冠成筒状，为暗红色，形似独居蜂 Ceratina 等巢穴的入口，吸引独居蜂进去栖息，为其传粉。兜兰属（Paphiopedilum）的一些种类具有绿色的退化雄蕊，其唇瓣上有黑色突起物或者棍棒状腺毛以模拟蚜虫，吸引雌性噬蚜虫、食蚜蝇来产卵，从而诱骗食蚜蝇掉入"陷阱式"囊中，达到为其传粉的目的。

为了"骗"昆虫，兰花真的无所不用其极。兰花有 800 余属，至少 25000 种。如此多子多福，或许全因它

的骗术高明!

不过,科学家们给这种骗术起了个文艺的名字——拟态,即一种生物模拟另一种生物或环境中的其他物体,从中获得好处的现象。拟态最初在昆虫中被发现广泛存在。德国植物学家克里斯蒂安·施普伦格尔(Christian K.Sprengel)于1793年观察到植物象动物一样可以模拟其他它生物,尤其是兰科植物。

拟态类型有贝氏拟态(Batesian mimicry)和缪氏拟态(Müllerian mimicry)。前者模拟同种的其他成员,或者形成类似的信号,比如很多兰花的拟态;后者让自己看起来对捕食者具有危险性或不好的味道,比如上述生石花拟态石头。随着科学家们对植物拟态的研究逐渐深入,越来越多的拟态类型被发现。植物的拟态也并非单一的某一种,很多都是多个类型交叉形成的综合性复杂的系统。

为了避免生命威胁的植物拟态欺骗,我们非常理解,毕竟,生存是最首要的问题。可是像兰花这样吝啬花蜜,传宗接代全靠"骗"的行为,至今都让科学家们费解。

有科学家认为,因为分泌花蜜是要耗费大量的能量、很伤元气的,受到资源的限制,这类花不大量生产花蜜来吸引昆虫;还有科学家认为分泌花蜜的兰花因为有很多昆虫拜访,但相应增加了同株异花授粉的几率,这种自交会导致后代的退化,而欺骗性传粉的兰花降低了自交的几率……原因到底为何,几百年过去了,依旧没有定论!

这些可爱的、漂亮的、优雅的植物"骗子",你们究竟还隐藏着多少惊奇和秘密?早有一天,人类会彻底戳穿你们的小把戏! 🌸

作者 赵芳儿

本名印芳,植物学硕士,现为中国林业出版社图书策划编辑。

花园沉思——错觉

文／图・余传文

作者 余传文

青年独立设计师，主攻小尺度园林营造，毕业于同济大学和爱丁堡大学景观设计专业，多年在英国生活工作，其间于 2012 年 London Green Infrastructure 国际设计竞赛中获奖，并成为 RHS 英国皇家园艺协会会员。2015年回国，现在全国范围内进行花园庭院创作，并从事相关写作和翻译工作。

微信公众号：余传文的花园笔记

今年北京的气候着实有点反常，入秋以后有很长一段时间气温不降反升，10月初竟然还有30℃的高温。绣球、鸢尾、美人蕉……花园里许多植物又进出一波花蕾，不知不觉间已然含苞待放，升高的温度让它们以为春天又来了——植物真是好骗啊！

但我们又比它们强多少呢？经济寒冬里的一次股市上扬、旁人一句有口无心的恭维赞美、日渐疏离的朋友一次开心的饭局……都能让我们产生错觉。会变好吗？会变好吧！

周末又来寒潮，那些花蕾怕是开不出了。

$\mathcal{2}$. 大溪地岛原住民的语言里，形容"恐惧"有两个不同的词汇。一个是ri'ari'a，指的是遇到突发危险拼命求生时，让人心脏砰砰直跳、肠子打结的那种恐惧。而另一个，mehameha，是形容精灵鬼怪等超自然的事物让人产生的提心吊胆、直冒冷汗的感觉。

相比之下，汉语在形容情感的时候总显得有些笼统。我们本应该有更多词汇来形容花园里的"愉悦感"：触摸植物肌理时产生的那种愉悦，静看纷纷落花时的那种愉悦，把杂乱的灌木枝条修剪干净利落的那种愉悦，种下一片球根畅想来年春天盛开场景的那种愉悦……怎能只用一个词涵盖呢？

$\mathcal{3}$. 苗圃里有两棵植物，它们从同一根枝条上扦插而来，有着一样的基因，一样优美的姿态，现在肩并肩靠在一起，摆在货架上，一样光明的未来。

其中一盆被辛勤的园丁购得，种在花园里精心呵护，夏天有遮阳网，冬天有保温罩，全年水肥充足，长得茂盛喜人，开枝散叶。另一盆被道路工程队买去，胡乱插在绿化带里，根都没埋实，露出半截在外面，风吹日晒，没人浇水没有肥料，不到半年就死了，枯枝横在地上无人收拾。

4. 感谢商业全球化，让来自世界各地的植物出现在我们的花园里。我有时在想，这些植物们在夜深人静的时候会交谈吗？如果会，它们又聊些什么呢？

"你来自哪里啊？你家那边是什么样的？"

"现在这里还适应吗？会想家么？"

"你的父母兄弟姐妹都去哪了？"

"这个园子的主人是怎么把你带到这里来的？"

它们真的会聊我们吗？我想会的。监狱里的囚徒不是也谈论牢头么。

5. 在别处看到美妙的花园，便心生向往，渴望把这美好的图景复刻在自己的花园里面。这份渴望把我们带向一往无前的模仿道路，殊不知这条道路上遍布着惰性和陷阱——有了模仿的对象便不用思考：你的花园真正需要什么，那些美好的东西真的适合你么？

柏拉图说这个世界有三种人，一种人依凭着欲望而行动，一种人依凭着情感而行动，还有一种人依凭着智慧而行动。他还说，依凭欲望的人是贪婪的，依凭情感的人是盲从的，依凭智慧的人是幸福的。

6. 几年前我还很喜欢解释自己的种种选择，小到为什么这根线条画成直的而不是弯的，大到为什么要做独立设计师而不去公司里供职——现在不爱说了，因为意识到那些解释的话里有一半是自欺欺人的谎言，还有一半是废话。🌸

品牌合作 *Brand Cooperation*

海蒂的花园
专注家庭园艺，主营欧洲月季、铁线莲、天竺葵、绣球等
花卉的生产和销售，同时提供花园设计、管理等服务。
地址：海蒂的花园—成都市锦江区三圣乡东篱花木产业园
　　　海蒂和噜噜的花园—成都市双流区彭镇

北京和平之礼景观设计事务所
设计精致时尚个性化，造园匠心独运，打造生活与艺术兼顾
的经典花园作品。
地址：北京市通州区北苑 155 号
扫码关注微信公众号

东篱园艺
一朵花开的时间值得等待；一家用心的店值得关注
不止卖花还共享经验；一家不止有花的花苗店
花苗很壮店主很逗；卖的不止有花也有心情
扫码关注淘宝店铺

园丁集
买高端花园资材就上园丁集。
由国内外优秀的花园资材商共同打造的线下花园实景共享体验平台。
地址：南京市雨花台区板桥弘阳装饰城管材堆场 1 号（6 号门旁）
电话：13601461897 / 叶子　　　扫码关注微信公众号

马洋亭下槭树园
彩叶槭树种苗专业供应商
扫码关注淘宝店铺

🌸 **花信风**
牧场新鲜牛粪完全有氧发酵，促进肥料吸收，抑制土传病害，
改土效果极佳。淘宝搜索关键字"基质伴侣"即可。
扫码关注微信公众号

海明园艺
种花从小苗开始 过程更美
扫码关注淘宝店铺

祝庄园艺
常州市祝庄园艺有限公司
全自动化和智能化的生产与管理设备，国内最先进的花卉生产水平。每
年有近 130 万盆（株）的各类高档观赏花卉从这里产出，远销全国各地。
扫码关注微信公众号

克拉香草
专业培育种植香草，目前在售有薰衣草、迷迭香、百里香、
鼠尾草、薄荷等 100 多种，从闻香、食用、手作到花园，香
草都是最美的选择。养香草植物请认准克拉香草。
扫码关注淘宝店铺　　微信公众号：克拉香草、香草志

有园盆景园
盆景－用植物、山石、土、水等为材料经过艺术创作和
园艺栽培集中地塑造大自然的优美景色，达到缩地成寸，
小中见大的艺术效果。
地址：成都市温江区万春镇生态大道踏水段 2096 号
电话：13320992202 / 何江　　扫码关注微信公众号

YOUYUAN
BONSAI

嘉丁拿官方旗舰店
世界知名园林设备品牌德国嘉丁拿（GARDENA）致
力于提供性能卓越一流的园艺设备和工具。
扫码关注淘宝店铺

 GARDENA

上海华绽
为私家花园业主提供专业的花园智能灌溉系统解决方案
扫码关注微信公众号

J·BROTHERS
上海华绽

【小虫草堂】
——中国食虫植物推广团队
国内最早，规模最大食虫植物全品类开发团队！拥有食虫植物品种资源
1000 余种（包含人工培育品种）。
官方网站：CHINESE-CP.COM　　扫码关注淘宝店铺

vipJr 青少年在线教育
600 多本绘本故事；明星老师上课；语数外每天学。
电话：18861296926
扫码关注微信公众号

花园
已冬藏

摄影·玛格丽特—颜

快速预定通道　会员专属客服

ISBN 978-7-5219-044

定价：58.00 元